U0281096

物联网革命
新经济时代的商业蓝图

周 宙◎著

电子工业出版社.

Publishing House of Electronics Industry

北京·BEIJING

内 容 简 介

本书从物联网的实用性着手，全面介绍了物联网的理论知识及其在各重点领域的应用，专注于物联网的实战操作和物联网产业的盈利之道。

本书的上篇主要讲述物联网理论知识，分析物联网与 5G、区块链、人工智能、大数据等技术的融合方案；中篇主要讲述物联网的落地场景，包括智能家居、智慧物流、智慧医疗、智慧城市、智慧农业等多个方面，帮助大家更好地了解物联网；下篇主要讲述物联网变现与运营指南，从多个角度出发，帮助企业入局物联网领域并获得盈利。

图书在版编目（CIP）数据

物联网革命：新经济时代的商业蓝图 / 周宙著. —北京：电子工业出版社，2022.7

ISBN 978-7-121-43782-3

Ⅰ.①物… Ⅱ.①周… Ⅲ.①物联网 Ⅳ.①TP393.4②TP18

中国版本图书馆 CIP 数据核字（2022）第 101382 号

责任编辑：刘志红（lzhmails@phei.com.cn）　　　文字编辑：郭　薇
印　　刷：三河市鑫金马印装有限公司
装　　订：三河市鑫金马印装有限公司
出版发行：电子工业出版社
　　　　　北京市海淀区万寿路 173 信箱　邮编　100036
开　　本：720×1 000　1/16　印张：12.25　字数：196 千字
版　　次：2022 年 7 月第 1 版
印　　次：2022 年 7 月第 1 次印刷
定　　价：89.00 元

凡所购买电子工业出版社图书有缺损问题，请向购买书店调换。若书店售缺，请与本社发行部联系，联系及邮购电话：（010）88254888，88258888。

质量投诉请发邮件至 zlts@phei.com.cn，盗版侵权举报请发邮件至 dbqq@phei.com.cn。

本书咨询联系方式：（010）88254479，lzhmails@phei.com.cn。

PREFACE

　　不知道大家是否还记得，在 2015 年，麦肯锡发布了一篇非常受关注的研究报告《物联网：超越市场炒作之外的价值》。在报告中，麦肯锡深入分析了物联网可以创造经济价值的原因及条件。2021 年，麦肯锡又发布了报告《物联网：抓住加速机遇》，重新介绍物联网，让人们了解物联网在这几年中经历了什么，获得了怎样的发展。

　　两篇报告中提及的物联网如今已经摇身一变，成为一项对人类非常重要的技术。这项技术连接了人和物，让人与物、物与物之间可以近距离地接触，是极具开发价值的资源。在物联网时代，几乎所有设备都可以与互联网连接在一起，实现自动识别和智能管理。

　　物联网是一项综合性技术，可以与 5G、区块链、人工智能、大数据等技术融合，并很好地应用于智能家居、物流、医疗、农业等诸多领域。而且，目前，很多企业已经发现物联网背后的蓝海市场，想尽快攫取时代红利。

　　随着物联网不断发展与成熟，人们需要了解物联网知识及其应用情况，企业需要掌握物联网变现与运营方法论。在这样的形势下，本书应运而生。本书融合了笔者的知识储备与实践经验，比较完整地还原了与物联网相关的内容，具有以下四大特色。

　　第一，内容全面。笔者对物联网有深入了解，经验丰富，可以通过自身感悟，从各方面、各角度为大家详细阐述物联网的真谛。

第二，案例新颖。本书选取的案例既有代表性，又有前瞻性，生动鲜明，可以让大家耳目一新，产生更深刻、更有价值的思考。

第三，可操作性强。笔者在写作过程中本着由浅入深的原则，循序渐进地对内容进行讲解，以期让读者有所感悟，找到自己的发展方向和前进目标。

第四，可读性强，具有一定的前瞻性。本书以独特的行文风格与生动的语言向读者介绍物联网，并科学、合理地预测了物联网的发展趋势，向读者展示了高新技术的巨大魅力。

笔者希望读者在阅读本书后，能够对物联网有清晰了解。同时，笔者也希望通过对物联网方方面面的阐述，为想入局物联网的企业"点亮一盏灯"，使本书成为这些企业的"启明星"，帮助这些企业及时转变方向、调整策略，成为时代的"弄潮儿"。

笔者非常感谢在本书写作过程中给予帮助的人；感谢对本书提出宝贵意见的人；感谢在专业知识方面为本书提供建议的人。同时，笔者也要感谢家人和朋友的支持。

物联网仍然在发展，本书若有不足与错漏之处，欢迎各位读者批评指正。

CONTENTS

应用篇　物联网数字化落地场景

实战篇 物联网变现与运营指南

· 基 础 篇 ·

理论知识与技术融合方案

•第 **1** 章•

走进物联网：底层逻辑全面探秘

> 物联网的英文是 Internet of Things，缩写为 IoT，是在互联网的基础上发展而来的。可以说，没有互联网就没有物联网。物联网所涉及的领域非常广泛，主要包括物流、医疗、农业等，发展前景十分广阔，市场潜力也非常大。

1.1 初始认知：物联网的核心概念

随着全球经济的不断发展，物联网已经变得越来越成熟，物联网时代已经姗姗而来。目前，我国物联网市场规模在不断扩大，我们要搞清楚其背后的本质内容。例如，我们要了解物联网的定义与起源，感受与其息息相关的信息 3.0 时代。

1.1.1 物联网的定义与起源

提起物联网，我们可能会首先联想到互联网。其实物联网和互联网一样，也是一个非常广泛的概念。物联网作为物物相连的互联网，可以与大数据、人工智能、区块链、云计算等技术相融合，为人们开启一个全新的时代，让人们享受更多的便利。物联网通过通信感知技术广泛地应用于诸多领域，也因此被称为继计算机、互联网之后的第三次信息浪潮。

一个比较有权威性的说法是物联网起源于 1990 年，施乐公司推出的一种可乐贩卖机。一位程序员发挥专长，将可乐贩卖机连接在网络上，还编写了一套程序监视可乐贩卖机内的可乐数量和可乐冰冻情况。这是最初的物联网形态。

1991 年，物联网作为一个新概念被美国麻省理工学院的 Kevin Ash-ton 教授提出。他认为"万物皆可通过网络互联"，这也是物联网的基础含义。

1995 年，物联网出现在《未来之路》一书中，该书以文字的形式提出物联网的概念。但是，由于当时受限于 WiFi、硬件、传感器的发展，物联网并没有引起大家的重视。

1999 年，美国麻省理工学院建立了"自动识别中心"，依托射频识别技术将物联网发展成为一个物流网络。当时，物联网的内涵已经发生了变化。

2004 年，物联网作为一个正式的术语出现在书中，并通过媒体被广泛传播。

2008 年，第一届国际物联网大会在瑞士举行，物联网设备数量有了大幅度增加。

2013 年，Google 眼镜发布，这是物联网和可穿戴技术的关键标志之一。

2017 年，越来越多的企业开发物联网产品，自动驾驶汽车得以不断改进，人工智能、大数据等技术开始与物联网融合，物联网成为一个非常重要的风口。

2021 年，全球物联网总连接数量达到上百亿个，年复合增长率超过 10%。

物联网的本质是行业信息化。世界各国政府大力推广物联网发展的动力在于寻找新的经济增长点。从长远看，物联网会成为一种新常态，在物流、农业、工业、社区、公共服务领域得到广泛应用，并推动这些领域走向智能化、自动化、数字化。

1.1.2 推动物联网发展的技术力量

物联网将物与物连接在一起，并且延伸和扩展了互联网。它把智能感知、识别技术和普适计算等融合到互联网中，使物与物之间可以进行信息交换和通信。具体地说，物联网应用了三项非常关键的技术，这也是推动其发展的重要技术力量。

1. 传感器技术

传感器技术在物联网中发挥着关键作用。一般，我们使用的大部分计算机处理的是数字信号，但数字信号并不是直接存在的，因此，我们必须通过传感器技术把模拟信号转变为数字信号，计算机才能顺利地进行处理。

2. RFID 标签

从某种意义上讲，RFID 标签其实也是一种传感器技术，前者还融合了嵌入式技术与无线射频技术。另外，RFID 标签作为一种具有通信功能的技术，可以通过无线电信号对特定的目标进行精准识别和深入分析，其应用非常广泛，包括门禁系统等。

3. 嵌入式系统技术

与 RFID 标签非常相似，嵌入式系统技术也融合了多种技术，如传感器技术、集成电路技术等。在嵌入式系统技术方面，卫星系统等智能终端产品是最常见的应用。实际上，这项技术就相当于人类的"大脑"，可以使物联网自动处理接收到的信息。有了此功能，物联网就可以对人类的生活和工作产生十分深刻的影响。

物联网在上述技术的助力下获得了不错的发展，但其想要真正在社会中普及，融入广大民众的生活，还需要进一步努力。相关专家表示，物联网在实现物与物相连的基础上会产生海量数据，这些数据经过智能化处理、分析，会产生新的应用，这才是物联网的价值所在。

1.1.3 信息 3.0 时代：物联网创造新世界

信息 1.0 时代的主流技术是互联网。到了信息 2.0 时代，主流技术就变为移动互联网。而在信息 3.0 时代，物联网才是公认的主流技术。物联网在发展，很多专家认为其关键点在于"云端"和"云脑"。事实证明，云计算、人工智能等技术为物联网插上了飞速发展的"翅膀"。物联网要想全面应用和普及，离不开"云端"和"云脑"的支持。

在物联网还没有出现前，我们只能通过自己控制和管理物品，例如，自己开空调、自己放音乐等。在物联网时代，这些情况会发生改变：智能设备会帮助我们开空调，为我们调节室内温度；智能音箱会为我们放音乐。

英特尔提供的资料显示，在世界范围内，通过网络相连的物联网设备会越来越多。届时，"万物互联"的伟大计划很可能会成为现实，社会将进入"万物控制"的阶段。我们在物联网助力下，不需要自己操心和动手，便可以随意控制相互连接的智能设备。

除了改变生活以外，物联网的发展也将推动"数据大爆炸"。物联网时代是自动处理与分析数据的时代，即 DT 时代。未来，IT 时代会逐渐转化为 DT 时代，我们将生活在一个物理世界与网络世界相连的世界，我们的生产、生活方式将发生巨大改变，这非常值得期待。

1.2 发展状况：物联网的"前世今生"

根据全球移动通信系统协会（GSMA）提供的数据显示，2010～2020 年，全球物联网设备数量高速增长，复合增长率已经达到 19%；2020 年，全球物联网设备连接数量大约为 126 亿个；到 2025 年，全球物联网设备（包括蜂窝及非蜂窝）连接数量将超过 240 亿个。

可见，在全球范围内，物联网的市场潜力是巨大的。当然，事物存在拥护者，自然也存在反对者，有一部分人质疑物联网的概念太过宽泛，而且没有太多成效，有炒作嫌疑。我们无法改变这些人的想法，但对于物联网，我们一定要有自己的观点，了解其发展状况。

1.2.1 国内外物联网的发展情况

无论是我国，还是其他国家，都在积极推动物联网发展。我国成立了物联网信息中心，这是我国对物联网热切关注的重要标志。另外，我国还成立了物联网标准工作组，对物联网标准开启了研究，以此争夺我国在国际标准制定中的话语权。

为了促进物联网的发展，我国也为其提供了良好的政策环境，发布了《国家车联网产业标准体系建设指南（总体要求）》《关于深入推进移动物联网全面发展的通知》等政策。此外，随着 IBM "智慧地球" 的提出，我国也提出了 "感知中国" 的概念。

首颗物联网芯片——"唐芯一号" 的研制成功也让一些省市看到了物联网即将引领的未来，纷纷将物联网列为研究和发展的重点对象。目前，物联网在我国的发展已经由技术研究阶段上升到了实际应用阶段，这一点在广东的 "南方物联网"、北京的 "中国物联网产业中心"、无锡物联网产业创新集群等实际例子中都有所体现。

其他国家对物联网的研究可能要比我国早一些，因为大概从 20 世纪 90 年代开始，一些西方国家就有了利用物联网改善传统行业的想法。其他国家在信息化方面取得的成就，也使得物联网在当地得到快速发展。

例如，电子韩国战略、"U-Japan"计划、"智慧地球"、"物联网行动计划"等都是其他国家打算通过信息技术使物联网无处不在的重要战略。这些战略的提出为物联网在全球范围内的发展奠定了坚实基础。

1.2.2 物联网迎来诸多新机遇

我国曾经多次召开物联网博览会。在会上，各大企业纷纷展示自己的物联网应用，涉及智慧医疗、自动驾驶、智慧农业等多个领域。物联网整合了无线通信和信息技术，可以用于发送指令、远距离搜集信息、设置参数等双向通信。也正是因为如此，物联网才可以有各种各样的落地方案，如货物追踪、安全监测、自动售货机等。

相关专家表示，物联网已经在国际上得到了广泛的认可。目前，美国的 AT&T（美国电话电报公司）是推动物联网发展积极的运营商，部署了上千万个物联网终端。此外，西班牙电信等国际通信业巨头也在不断拓展物联网模式，展现出了对新兴产业的战略性眼光。

物联网的灵活性比较强，我国很多企业尝试将其与其他技术融合，取得了不错的成果。例如，阿里巴巴与中兴、中国联通、中国工信部等达成合作，携手创建基于区块链的物联网框架，并与联合国专门负责国际电信事务的专门机构——国际电信联盟进行了深入接触。

现在物联网应用还不是非常成熟，但很多企业都表示出了对该技术的重视。甚至一些国家的政府也在大力引导物联网发展，成立物联网委员会、物联网联盟机构等。物联网对整个世界都产生了非常重要的影响，这已经是毋庸置疑的事实。

未来，物联网会不断升级，其应用范围也会越来越广阔。与其他不太受重视的技术相比，它可以让商业模式发生颠覆性的变化，为人们的生活和工作带来巨大便利。物联网首先在物流、医疗等领域扎下了根，现在又逐渐深入其他领域，后期肯定会获得更好的发展。

1.3 创新理论：物联网的新思路

日益增多的智能设备在冲击着当下的物联网模式。无论是这些智能设备的巨大数量，还是其对低成本连接的强烈需求，都将让物联网领域面临严峻的挑战。因此，为了适应这样的变化，我们必须应用创新理论，培养关于物联网的新思路。

1.3.1 物联网需要新思路

现代世界唯一不变的就是变化，在这个阶段的企业，一定要紧跟变化才能不被时代所抛弃。我国人口红利逐渐消失，劳动力将变成稀缺资源，昂贵的人力成本正改变着诸多行业的生态环境。因此，自动化、智能化、高集成化的物联网成为企业的发展方向。在这样的背景下，物联网会催生新机遇，企业也要顺应潮流，积极培养新思路。

1. 新基础设施：变革传统产业链

局势瞬息万变。当前，物联网的发展加速了新一轮科技革命和产业变革带来了传统产业链的变革，增加了新的基础设施。在此关键时期，各国之间的贸易往来环境日渐复杂。因此，围绕产业链主导权的竞争也愈加激烈，国际贸易分工体系面临严峻挑战。

对于提升产业链发展水平来说，物联网影响重大。它作为与传统行业深度融合的新一代信息技术，可以通过构建可信度高、覆盖面广的新型网络设施，来实现经济链、产业链、价值链的全面连接，支撑传统行业实现智能化转型，推动我国向全球产业链中高端迈进。

2. 新生态：新零售+新发展路径

物联网时代的到来将推动零售行业变革。从生产到供应链，全程数字化为零售行业带来很大的机遇。例如，女装品牌"妖精的口袋"就是通过从线下到线上、再到全渠道的逐渐进化的路径，将物联网融入零售环节，实现了销量翻倍。

无论企业选择是在线上还是线下发展，在大环境的影响下，最终都将走向数字化产业链融合。还有一些龙头企业的品牌商，如沃尔玛、宝洁等，都是从线下向线上发展，最终以消费者为核心做到产业链融合。这是新零售的必由之路。

3. 新消费：定制化消费引领未来

定制化消费的主要特征是实现厂家定制化生产，通过物联网、人工智能等技术，连接消费者与制造商，满足消费者的定制化需求。它依赖的是庞大的算力系统，以保证随时进行数据交换，更精准地定位目标群体的喜好，实现定制化生产。例如，长安汽车自主研发的电商平台——长安商城可以实现客户需求、在线交易、产销协同的高度一体化。这也有利于提升各环节的服务质量，满足消费者逐渐提高的消费需求，同时增加企业的核心竞争力。

1.3.2 从"E社会"到"U社会"

如果从技术发展角度来看，我们可以将社会分为"E社会"（Electronic Society）和"U社会"（Ubiquitous Society）。"E社会"是随着移动互联网、电子商务的发展而崛起的，可以打破时间与空间的限制，让不同国家和地区实现互联互通，帮助大家平等、安全、准确地进行交流。

"E 社会"的核心是在网络中构建一个虚拟世界，让人与人之间可以随时随地保持联系。在全球范围内，大多数发达国家和地区已完成从传统社会向"E 社会"的过渡。与"E 社会"相对应的还有"U 社会"。那么，什么是"U 社会"呢？

近几年，物联网在很多国家和地区获得了迅猛发展和广泛应用。它作为"U 社会"里的一种基础设施，可以帮助我们识别、观察、跟踪物体，让我们在不受时间和空间限制的环境下获得各种资讯，也可以让我们在使用智能设备时更便利、省时。

与"E 社会"相比，"U 社会"多了一个把物体变为通信对象的功能。与此同时，和"U 社会"息息相关的物联网也将推动其"泛在"化。目前，一些发达国家和地区正在循序渐进地打造"U 社会"，将物联网作为关键基础设施进行大规模建设。这样可以避免不同国家和地区进行重复多次通信，从而节省资源，提高效率。

如果把"E 社会"看作信息社会的初级形态，那么"U 社会"便是信息社会的高级形态。物联网是其中一项非常重要的技术，已经获得了不错的发展。某一天，如果物联网在某个国家真正实现了商业落地，那么这个国家就在一定程度上进入了"U 社会"。

其实，除了上文提到的移动互联网、物联网以外，最近非常火热的概念——元宇宙也与"E 社会"和"U 社会"有非常密切的关系。1992 年，美国科幻作家尼尔·斯蒂芬森在其小说《雪崩》中描述了一个平行于现实世界的虚拟世界"Metaverse"，人们可以通过 Avatar（化身）在这个虚拟世界中游戏、社交、沟通。

2021 年 3 月，沙盒游戏平台 Roblox 将"Metaverse"写进了招股书并成功上市。此后，"Metaverse"的译称"元宇宙"开始火爆于投资圈，并逐渐引起了越来越多互联网巨头的关注。现在,人们的想象力被极大地激发,提出了更多关于元宇宙的想象。

例如,美剧《西部世界》中就设计了一个类似元宇宙的玩法,游客在进入虚拟世界后,可以根据自己的喜好体验个性化旅程。电影《头号玩家》完整地描绘出了元宇宙的样子,为大众构建了一个极具真实感的虚拟世界,如图 1-1 所示。

图 1-1　《头号玩家》中的虚拟世界

虽然在元宇宙何时到来这个问题上,大家众说纷纭,但不可否认的是,在光明前景的引领下,越来越多企业和投资机构开始入局,力求成为新时代的先行者。而且,当越来越多像元宇宙这样的先进技术崛起后,移动物联网、物联网、人工智能等技术也会有更好的发展。

1.3.3　万物互联与经济运行

目前,万物互联尚未真正实现,其关键在于将人、事、数据、流程等进行结合,利用互联网将其联系起来,使其更有价值,为世界带来前所未有的经济机遇。万物互联与物联网不同,它不仅仅是一项技术,还通过技术为人类带来了全新的经济运行方式——全球化经济共和。

200 多年前，人类历史上出现政治上的共和，但经济上的共和还没有到来。然而，万物互联的美好愿景为实现经济共和提供了可能性，主要表现在以下四个方面，如图 1-2 所示。

图 1-2　万物互联的概念为经济共和提供的可能性

第一，万物互联可以实现参与经济活动的个体完全对等。

第二，预先设立的共识机制将成为经济共和中的"宪法"。

第三，每个节点在维护体系稳定方面都发挥着重要作用。

第四，"物联网+"模式是实现经济共和的基础。

经济共和为我们带来了什么呢？如果说政治共和使我们享受了民众平等的政治权利，那么经济共和就相当于给了我们平等的经济权利，而且是在世界范围内。在以万物互联为基础的经济运行方式里，每个个体的权力都是由预先设定好的共识机制或者经过签署的智能合约决定的，这将使经济全球化实现最大化地自动运行。

同时，这种经济上的共和让我们的身份从一国公民转变为世界公民，其意义如图 1-3 所示。

第一，经济共和无地缘性特征。万物互联的机制不受地域限制，可以使人们轻易地与太平洋对面的另一个人拥有平等的经济权利。

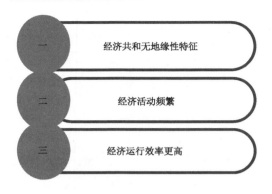

图 1-3　经济共和的意义

第二，经济活动频繁。一个人的生存离不开经济活动。无论是人力资本与资金资本的交换，还是资金资本与实物财富的交换，均属于经济活动。人的经济活动通常十分频繁。

第三，经济运行效率更高。经济活动的执行可以通过自动执行的智能合约使经济的运行效率空前提高，同时根据所有者的意愿进行财物交易等经济活动。

一个全球化的经济体系即将展现在我们眼前，也许"物联网+"能够以一种新方式创造经济活动的高峰。在经济共和的概念中，人人拥有平等的经济地位，而且只要满足基本的通信条件，就可以随时加入或者退出。在万物互联的概念中，能够实现的资源配置不仅是资金的资源配置，这里的资源超越货币的范畴。

·第 2 章·

物联网+5G：连接万物成为可能

5G 是第五代移动电话行动通信标准，也被称为第五代通信技术。5G 的技术优势将极大地提升数据传输效率，这不仅可以改变我们的生活，也将推动各行各业的发展。当 5G 与物联网融合后，连接万物会成为可能，二者都将进一步升级。

2.1 先行了解：什么是 5G

随着技术的不断发展，4G 被普遍应用，5G 时代也已经到来。然而，很多人对 5G 的概念还很模糊。5G 与 4G 有什么不同之处？5G 拥有哪些关键点？5G 的特征是什么？未来的 6G 又会是什么样子？这些都是我们需要了解并解决的问题。

2.1.1 4G 与 5G 通信演进史

目前，5G 已得到了许多国家的重视，新技术的发展是用户和时代的共同需求，任何国家的企业想要在未来获得盈利，终究离不开对 5G 进行引进和应用。在这种情况下，以中兴为代表的不少企业也持"5G 是 4G 必然的演进"的观点。

任何一代新技术都不可能和上一代技术一样。5G 不同于 4G，它们在技术原理、运行方式、部署办法等方面十分不同。但是，若没有 4G 的底层技术作为根基，或者说 5G 没有对 4G 进行传承，那么 5G 的发展也是空中楼阁，很容易发生危险的。

5G 不是横空出世的，而是 4G 的演进。对于 5G 研究，很多研究机构都是选择两条腿走路：一方面推动 4G 的演进，另一方面研发 5G。5G 的大带宽和高传输速度，是 4G 的演进。加大带宽是开始，由此产生的毫米波、微基站、波束赋型等都是其发展的技术趋势。

5G 对大规模天线阵列、新型空口设计技术很多也是基于 4G 发展而来的。例如，软空口技术融合了 Pre5G 的硬件处理技术，使运营商实现了 4G 到 5G 的升级。4G 到 Pre5G 的发展中，终端保持不变，Pre5G 到 5G 的过程中，基站也不用更换。

综合地看，5G 是在 4G 的基础上升级而来的，是技术的积累和演进。没有 4G 的发展就没有 5G。5G 的演进是技术发展的必然结果。当然，技术要有创新才能实现演进，这也是用户需求越来越强烈的必然要求。

2.1.2　5G 三大特征

5G 是一种新兴的技术，在它还没有进入用户生活之前，很多人对它的了解仅限于它比 4G 更快速、便捷。但是，仅了解这些是不够的，用户需要深刻了解 5G 对于生活将带来怎样的改变。例如，全球首座运用 5G 研发与建设的智能车站已在上海虹桥落成，可见 5G 离用户的生活越来越近了。相信在不久的将来，5G 将彻底融入工作、生活的方方面面。

5G 主要有三大特征，即高速度、大带宽、低时延。

高速度是 5G 最直观的表现。前面已经说过，5G 的理论传输速度峰值能达到 10Gb/s，2019 年 4 月，中国联通官网公布的数据显示，联通和中兴合作的 5G 机型网络测速已经达到 2Gb/s。5G 在实际应用中的网速也可达 200Mb/s，下载一部 2 小时的高清电影只需几分钟。

大带宽是相对于此前频带宽度较低而言的，就像高速公路上车很多，但高速公路只有 4 个车道，在这种情况下，拓宽车道是唯一的解决办法。这就是大带宽的思路，大带宽具有较高的送达能力，即使在全景视频或者 VR 体验中也不会出现卡顿等问题。

5G 的体验速率和 4G 相比优势明显。4G 的延时大约为 70 毫秒，而 5G 可将延时缩短到 1 毫秒，数据几乎能实时转化。延时性低不仅可以做到"使令即达""令行即止"，用户的生活、工作、学习场景也会因此发生很大变化。

除了以上三大特征之外，5G 还有一个独特之处，那就是其使用的是高频率无线电波，即高频率毫米波，如图 2-1 所示。

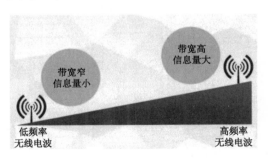

图 2-1　高频率毫米波的优势

5G 利用高频率无线电波进行通信，用户端设备能够接收并且解读高频率无线电波，带宽增高、信息量增大，网速则能够不断提升。5G 的毫米级高频率无线电波也有一个缺点，那就是它是直线传递的。若遇见障碍物，便会阻碍它前进的步伐，从而导致信号变弱。

5G 若想克服这个问题，就需要建立多个基站，提升覆盖面积。但是，在城市中建满基站是非常不现实的，因此，微基站应运而生。宏基站与微基站的对比，如图 2-2 所示。

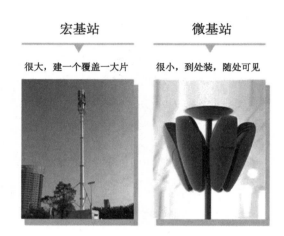

图 2-2　宏基站与微基站的对比

由图 2-2 可见，普通的基站，即宏基站，就像一座电线杆一般矗立在城市的各个角落，占地面积广。微基站则不同，它的体积比较小，能够很好地融入城市。而且，微基站的数量较多，信号覆盖能力也比较强，网络流畅度相对稳定。

当微基站数量增多时，很多人可能会担心辐射问题，其实这没有必要。在 4G 时代，宏基站的辐射标准是小于 40 微瓦/平方厘米的。在实际执行时，运营商会综合考虑信号叠加等情况，将辐射控制在 8 微瓦/平方厘米内。到了 5G 时代，微基站也要遵循此标准。

此外，因为微基站覆盖密集，发射功率比较小，所以辐射会低。这就好像两个人在特定环境里近距离说话，即使不花费力气大声喊叫，声音也可以很清晰。因此，随着 5G 不断发展，微基站虽然会越来越多，但辐射并不会加强。而且，与和人体近距离接触的 iPad、手机等数码产品相比，微基站的辐射更低，大家不需要"谈辐色变"。

总之，5G 拥有高速度、大带宽、低时延的特征，这将给用户未来的生活带来改变，让用户享受更优质、便捷的网络服务。但是，5G 采用的新技术也对其普及提出了挑战——各国需要更先进、强大的基础设施建设帮助其发展。

2.1.3 前景分析：更高速的 6G

有专家指出，6G 可以通过地面无线和卫星实时系统连接全球的信号，即便是在偏远的乡村，信号也可以畅达无阻。此外，6G 还能通过全球卫星定位系统、地球图像系统和 6G 地网的连接，准确预测天气变化和自然灾害，防患于未然。6G 有哪些特点？6G 在技术上的表现有网络致密化、空间复用和动态频谱技术+区块链共享等特点，如图 2-3 所示。

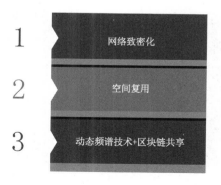

图 2-3　6G 的技术特点

1. 网络致密化

6G 和 5G 的不同体现在网络的致密化水平更高，微基站的数量也更多。6G 使用的是 100GHz～10THz 的太赫兹频段，频率高于 5G，网速也明显快于 5G。这是因为频率越高，带宽范围越大，传输的数据量也就越多，并且高频段的开发也能拓展带宽的数据传输。

但是，信号的频率越高，波长就越短，信号能够绕开障碍物的能力就越弱。由于 6G 的信号传播范围小于 5G，因此，在 6G 时代，各国需要密度更大的微基站以保证信号的有效传播。

2. 空间复用

空间复用是指 6G 基站可以通过成百上千个无线连接，将 5G 基站的容量扩充 1000 倍。不过，虽然 6G 使用的太赫兹频段信息容量较大，但仍需面对提高覆盖率和抗干扰等方面的问题。毕竟频率越高，损耗越大，信号的覆盖率就会相应减弱。

6G 将通过 Massive MIMO 和波束赋形这两项技术解决上述问题。Massive MIMO 是通过增加天线的数量减少信号耗损的，而波束赋形则是通过算法对波束进行管理的，使波束形成和聚光灯一样的信号覆盖，提高信号传播率。这两项技术对 6G 的发展和应用具有建设性作用。

3. 动态频谱技术+区块链共享

6G 采用"频谱共享"，而不是"频谱拍卖"的方式实现信号的智能分布。"频谱拍卖"是通过对频谱进行公开拍卖的方式将某频段授权给使用者，这种方式主要集中于美国和欧洲等国家和地区。但是，由于"频谱拍卖"的方式不能适应 6G 时代频谱利用需求，因此 6G 很有可能采用"区块链动态频谱共享"的方式合理安排资源配置。

从 6G 的技术性讨论可以看出，其应用并不是遥不可及。5G 的毫米波基础理论早在 2000 年就已经完成，而 6G 的太赫兹频段也有不少国家已经开始研发。相信 6G 时代不久就会到来，给人们的工作和生活带来更多变化。

2.2 5G 如何赋能物联网

随着物联网的不断发展，其面临的挑战也越来越严峻，例如，去中心化、构架瓶颈、平台搭建等都是其在发展过程中必须解决的问题。将 5G 融入物联网能够帮助我们很好地解决这些问题，真正地实现万物互联。

2.2.1 5G 帮助物联网实现去中心化

5G 对于物联网来说有重要的去中心化作用，体现了技术的可塑性。现有物联网体系依靠中心化模式进行通信，即使用云服务器在通信双方之间进行连接与验证。云服务器运用自身强大的运行与存储能力保障设备正常使用，而这主要建立在物联网的基础上。

虽然这种中心化模式已经运行几十年了，能够支持小规模物联网，但随着用户需求的提升，它终将满足不了物联网体系的发展。这时就需要新技术、新模式为物联网提供支持。而且，中心化模式存在一定的问题，它需要使用高昂的成本购置服务器和其他设备，还必须进行定期维护，以此支持物联网的运行。这是亟待解决的问题。

之前的中心化模式是中心决定着节点，节点必须对中心负责，脱离了节点的中心将无法单独存在。去中心化的本质不是不要中心，而是由节点来创造中心。

在去中心化模式中，任何点都可以成为中心或者节点，任何中心或者节点都是阶段性的，彼此之间没有强制性作用，也不存在永恒关系。去中心化模式将改变原来的连接与验证模式，使各节点之间相互组合、自由创造中心，更好地实现自由通信。

去中心化模式的物联网将采用点对点的标准模式实现通信，在置办与维护中心化设备、系统的基础上，处理大量的交易信息，并将信息上传到物联网体系中，保障各节点的正常运行，防止出现节点漏洞或者系统崩溃等问题。但是，建立这种点对点的标准模式将是一种挑战，其中最重要的就是安全性问题。这不仅仅是为了保护敏感的数据，也是为了保护用户隐私。5G 不仅为物联网的数据安全与隐私安全提供了保障，还为物联网提供了交易识别功能，防止网络诈骗等案件的发生。

面对去中心化模式带来的挑战，5G 的融入使物联网的发展有了强大的技术保障。这种技术保障不仅可以实现点对点通信，保障数据与隐私的安全性，而且投入成本低、消耗能源少、符合绿色环保的生活和工作模式。

2.2.2 进一步优化物联网构架

5G 可以有效地解决物联网的构架瓶颈问题，具体表现如图 2-4 所示。

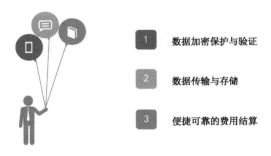

图 2-4　5G 对于物联网构架问题的解决

1. 数据加密保护与验证

目前，尽管已经成功的物联网应用有很多，但现有技术还没有办法真正地实现万物互联。在同一个系统中，设备与设备之间虽然可以形成互联，也可以借助互联网对数据进行传输，但现在大部分物联网构架都是封闭式的，这就在一定程度上表示，如果是不同系统中的设备，那它们之间就很难实现真正有价值的互联互通。

之所以会发生这种现象，一个非常重要的原因就是，在不同信任域下，物联网节点会有诸多互联限制。如果通过其他运营商的物联网节点来传输数据，那么这些数据很可能丢失或者被非法篡改，从而导致系统可靠性大幅度下降。借助 5G 及数据加密技术，可以有效解决其中的信任问题。

2. 数据传输与存储

只有各方在利益分配上达成一致，才可以通过其他运营商的设备和网络来传输和存储数据。这也就表示，物联网运营商可以十分容易地获得更多收益，例如，根据传输和存储的数据量收取相应的费用。

3. 便捷可靠的费用结算

目前，如果各物联网运营商想实现资源共享，那么除了需要制定一个合作协议外，还要在顶层将双方结算的系统设计好。值得注意的是，在万物互联趋势不断加强下，两两互联的模式需要越来越多的成本，实现难度也在不断提高。借助 5G，不同物联网运营商的设备可以直接传输数据，而且运营商还可以通过交易的方式对此进行收费。

由此可见，5G 为物联网提供了技术支持，保障了数据的安全性、数据传输的时效性，改变了原有物联网构架存在的种种问题，有助于推动物联网的发展与普及。

2.2.3 借助 5G 搭建物联网平台

在物联网时代，5G 将运用技术搭建物联网平台。人与物之间的通讯会在技术的影响下，打破时间和空间限制，从高容量的数据服务拓展至控制稳定的新型服务模式、从之前的终端与终端相互连接拓展到智慧型连接和互动。

5G 将会构建一个平台，实现数据运算、信息储存、资源连接等功能。这个平台具有投入成本低、能源消耗少、传输速率快、延迟时间短等特点，使各领域均能受益，并且不断发展与创新。在物联网模式下，各企业实现了信息资源共享，生产资源合理配置，各行业之间相互协调，共同发展。用户也可以运用物联网在全球范围内购买自己需要的物品，不受空间上的限制。可见，5G 是促进物联网发展、实现物联网价值的重要技术。

5G 利用大带宽、频谱资源丰富、传输速率快等显著优势推动着物联网的发展，降低了成本投入，减少了能源消耗，并且增加了各企业的收益，也让更多用户享受到万物互联带来的绝妙体验。现在 5G 已经融入很多领域，不断创新，让人们更好地体验智能生活。

2.2.4 三星：打造 SmartThings 平台

现在，三星旗下的智能平台 SmartThings 已经成为智能家居市场不可缺少的部分。三星采用统一的应用与控制策略，使该平台可以更便捷地运行，许诺了消费者一个高品质的未来。下面将从三个方面对 SmartThings 进行介绍，如图 2-5 所示。

1. 外观设计

SmartThings 以 Hub 为控制中心，Hub 是支持多端口运行的转发器，其外形是一个白色的小盒子，样式简洁大方，便于存放。即使面临停电，Hub 依旧可以借助 AA 电池正常运行，保障 SmartThings 的安全与自动化不受影响。

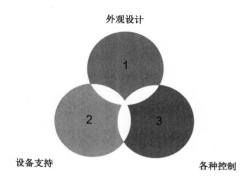

图 2-5　SmartThings 介绍

除 Hub 以外，还有一些设备对 SmartThings 予以使用支持，如 Zigbee 设备，这是一种低速率、低成本、短距离的无线网络传输设备；Outlet 插座，主要是指插在电线上方的插座；各类传感器，如运动、活动、震动、门窗、温度等。

2. 设备支持

SmartThings 可以连接不同厂商的产品。它不仅支持三星的官方产品，其他品牌产品也能很好地运行，实现了双向沟通、信息畅通。它的内部设有两个 USB 接口，可以保障在任何情况下都能与智能家居产品对接。

只要通过 IFTTT 网站的支持，SmartThings Hub 便能获得更多设备的支持。IFTTT 网站可以帮助用户使用开放的 APL（一种计算机语言），SmartThings Hub 可以通过云端连接的方式经过 IFTTT 网站快速发出，这对加速 App 响应是非常有帮助的。

3. 各种控制

SmartThings 可以在 iOS 或 Android 用户端运行。例如，在执行开灯操作时，用户可以进入界面，手动控制开启还是关闭，整个过程十分简单。此外，用户还可以通过提前设置实现自动操作。

SmartThings 是真正意义上的智能家居服务的大型平台。它可以实现程序的合理运行，模式的正常切换，并且时刻监视智能家居。它是一个非常高效的智能系统，可以保障智能家居的正常使用。它功能强大，价格相对便宜，是用户的首选智能家居控制平台。但是，它在第三方兼容设置方面的操作比较复杂，需要设计编程的基础性应用。

未来，SmartThings 会更注重于用户的使用体验，提高自身信誉，树立更好的品牌形象，努力发展为优质智能家居服务平台。

2.3 物联网助力 5G 发展

物联网是发展与普及 5G 的重要推动力，是 5G 的"主战场"，二者相互促进。在 5G 时代，物联网可以满足 5G 在应用方面的高要求，为 5G 扩展应用空间，这在一定程度上提升了企业的利润，优化了用户体验。

2.3.1 5G 的"主战场"是物联网

5G 迅猛发展离不开物联网的崛起，物联网将为 5G 带来更多机会。例如，"物联网+5G"可以使企业的个性化生产得到发展。物联网的传感器可以将信息直接传输至云控制中心，通过强大的计算平台对数据、生产过程进行计算和监控，大幅度优化企业的生产体系。

大规模数据转移到云控制中心不仅大大减少了对硬件的损耗，而且 5G 的低时延和广覆盖等特性也有利于提升物联网的传输效率。对于物联网来说，5G 是目前最理想的网络支撑技术。当然，物联网也为 5G 发挥作用提供了广阔空间。

5G 的网络切片技术可以支撑端到端的信息传递，仅有 1 毫秒的时延也能有效保证信息传递的有效性。目前，已经有一些企业对物联网和 5G 进行了研究。例如，诺基亚展开了基于物联网的 5G 测试，希望可以尽快建设一个"有意识"的企业。

在诺基亚的所有试点中，最引人注目的是电子屏幕。这个电子屏幕上汇集了物联网收集的生产流程信息，工作人员可以利用这些信息对生产进行评估。另外，这些信息将直接通过 5G 上传到云平台进行分析，工作人员可以按照序号追踪每个正在设备中运行的零件。

诺基亚还在试点利用云化机器人对产品进行组装。在标准化零件的条件下，云化机器人大大提高了组装效率。现在，越来越多云化机器人已经参与到编程工作中，它们与工作人员分工合作，提高了工作人员的编程效率。

通过诺基亚的案例可以得知，在物联网、5G 等技术的支持下，企业的数据分析能力和自动化程度会显著提高。企业还可以在较短时间内，推出更满足用户需求的个性化服务，进而促进后期的推广及销售工作。物联网、5G 等技术的大规模应用能够进一步提高生产的智能化和自动化水平，也可以及时洞察用户需求，帮助企业研发更受欢迎的产品。

2.3.2 物联网为 5G 扩展应用空间

2019 年，5G 这一说法就已经被提出，但由于当时技术发展的限制，一直未能发挥其真正的威力。物联网的出现，将打破信息传输阻碍，为 5G 扩展应用空间。5G 虽然不是因为物联网而产生，但 5G 的高速发展离不开物联网的推动。没有物联网的支持，5G 将很难实现大规模应用。物联网的突破性创新不仅给人们带来更奇妙的体验，还将全球科技发展推上高峰。

物联网的目标不仅仅是实现数据的传输与连接，还需要将 5G 融入其他行业。在物联网的推动下，5G 将更好地实现落地式应用，建立行业新模式，主要表现在以下三个方面。

1. 交通领域

将 5G 融入交通领域可以更好地实现实时路况的反馈，让车辆选择更合适的路线行驶，避免交通拥堵或者事故发生。5G 也给无人驾驶的发展带来了新机遇。在 5G 的基础上，无人驾驶汽车可以全方位地观察周围的环境，躲避障碍物。它的行驶速度合理，对于交通指示灯有辨别能力，减少对交通带来拥堵问题，可以给人们更好的乘车体验。

2. 医疗领域

在医疗领域，运用 5G 可以实现远程医疗，将图像数据信息与语音数据信息进行综合性传输，无论医生身处何地都能参与医疗工作。这打破了时间与空间的界限，提高了医生治病救人的效率。医生可以使用融合 5G 与物联网的医疗产品，对远在千里之外的患者进行疾病诊断甚至手术。物联网具有的传感器可以让患者实现如医生亲临现场一般的操作感受，保障了医生对手术判断的精准性，以及整个手术过程的有效性。

3. 工业领域

工业领域的工作内容不仅复杂而且存在一定的风险，很多时候工作人员需要冒着生命危险进行作业，5G 与物联网的结合可以解决这一问题。5G 可以实现将工业作业地点与电脑网络的连接，运用智能机器人在距离较远或者危险环境进行作业。

运用 5G 和物联网，工作人员可以实时监控各地的情况。对于相对危险的作业环境，他们不再需要亲临作业，而是运用智能机器人进行业务操作。物联网系统中拥有大量的数据信息，可以为智能机器的操作提供依据，保障作业的准确性和工作人员的安全。

综上所述，物联网推动了 5G 的落地应用，为 5G 在各领域的发展变革提供技术支持，使交通、医疗、工业等领域转型升级，提高员工的工作能力，使其更好地服务社会。5G 目前还处于发展阶段，与其相关的新模式还不够完善，应用领域并不多。但是，随着物联网的不断升级，5G 可以在更多领域落地，为更多行业带去新商机。

2.4 5G 时代下的物联网安全

近几年，各种安全问题已经不只存在于科幻电影中，而是会发生在我们身边。在 5G 迅猛发展的时代，收益最大领域之一就是物联网。但相较于其他领域，物联网领域面临的安全问题似乎也不少。这就要求我们必须重视物联网安全，使其成功实现商业落地。

2.4.1 5G 时代，物联网安全问题亟待解决

物联网的应用潜力不可小觑，业务前景以及风口地位更是不容置疑，但其安全问题仍然存在。例如，Facebook 曾经发生过涉及 5000 多万个用户的数据泄露事件，英国、美国及欧洲等地政府对此事件给予强烈的谴责并开展调查。在该事件的影响下，Facebook 遭受了重大打击，除了股值暴跌外，还必须接受巨额罚款。

事实上，安全问题不仅出现在 Facebook 身上，近年来此类事件已经屡见不鲜。

随着物联网、大数据、云计算等技术在各行各业的应用，其他领域也会出现安全问题。以工业领域为例，曾经震网病毒席卷工业界，使大量系统在短时间内无法正常运作。震网病毒后来也被专家称为全球首个"超级工厂病毒"，全球有45000个系统遭受该病毒的侵害。

此外，乌克兰当地多个区域曾出现大规模意外停电，造成这次停电的原因正是其电力系统遭到了恶意软件的攻击。此次停电事故长达数小时，给超过140万人带来了困扰。另外，在发电站遭受攻击的同时，乌克兰境内的许多能源企业也遭到了网络攻击。

目前物联网所面临的安全问题不只有网络攻击和电力攻击。未来，当5G时代真正来临，物联网设备的数量还会呈现指数级增长。在这种发展趋势下，攻击者进行潜在攻击的目标会出现变化。例如，他们可以攻击基础设施和能源网络，甚至还可以破解医疗设备，使其陷入停滞状态。

因此，如何避免上述现象、降低个体遭受攻击的可能，已经成为各大企业必须解决的难题，同时也是阻碍物联网发展的瓶颈之一。

2.4.2 保护物联网安全，迫在眉睫

通过上一个小节的内容，我们可以知道，通信网络升级让物联网面临安全威胁。但在人工智能、5G的逐渐融合下，物联网也可以变得更安全。系统可以通过人工智能"学习"和识别安全威胁，并启动自动防控与修复方案。此外，因为5G的网络容量更大，所以在保护物联网安全方面，我们可以采用与网络切片相关的策略，更有效地消耗可用资源。

在5G时代，物联网安全模型可能会变成以"开发－安全－运营"为核心的形式。这种模型相当于一种"安全织网"模型，可以让连接5G的物联网设备使用物联网安全标准。这对于物联网设备来说就好像有了一层"保护膜"，在面对安

全威胁时可以更从容。

当5G、人工智能等新技术越来越普及时，我们需要考虑如何加强物联网的安全性，并找出利用这些新技术减轻物联网安全重担的方法。未来，全球会有更多人口都使用5G进行通信和相关活动，我们现在就应该制定物联网安全保护措施，为未来做好准备。

·第 3 章·

物联网+区块链：构建分布式社会

与其他领域相比，物联网比较容易也比较可能与区块链融合。而且，截至目前，区块链确实为物联网解决了很多问题，如提升物联网的效率、统一物联网平台语言等。二者的关系更像是"朋友"，可以相互帮助，彼此支持。

3.1 了解愈发火热的区块链

近几年，区块链获得了不错的发展，形成了多种"区块链+"模式。从本质上讲，区块链是一个不依赖第三方、通过自身分布式节点进行数据存储、验证、传递和交流的网络技术方案。换句话说，区块链就是一个大型分布式数据库，任何人在任何时候都可以采用相同的技术标准生成信息。

3.1.1 区块链是一个大型分布式数据库

从本质上讲，区块链其实是一个大型分布式数据库。所谓"分布式"，主要体现为数据的分布式存储，具体可以从以下两个方面进行详细说明。

（1）区块链存储的基本单元是区块。在链式结构的助力下，新增的区块都知道自己前一个区块是什么，而且可以一直追溯到根源。哈希值为区块链提供了标识，链式结构又将业务产生的轨迹保留了下来。所以，在有新交易增加时，链式结构可以根据区块的标识和前面的记录对新交易进行校验，确保数据不会轻易地被篡改或删除。

当然，在传统的数据库设计中，与之相类似的模式也经常会被采用，例如，拉链表模式。在拉链表模式下，数据的每一次更新都会被追加，交易历史（如起始时间、是否生效、失效时间等）也会被完整地记录下来。而区块链则在该模式的基础上加入了哈希值、时间戳等新兴机制，以此来保证链条的准确性和完整性。

（2）既然区块链以分布式的方式储存数据，那么我们就必须解决存储过程中的一致性问题。在解决这个问题时，区块链采用了工作量证明的方法。那么，工作量证明是什么呢？即先通过工作取得成果，然后用成果证明自己已经付出的努力。

很多人可能对此有不解，为什么一定要用工作量来证明，难道就没有其他办法了吗？实际上，自从区块链与比特币分离以后，这个问题就被归结为共识问题，而工作量证明也成了达成共识的一种方式。除了工作量证明以外，权益证明、拜占庭容错也是达成共识的方式。其中，权益证明通过业务规则达成共识，拜占庭容错则是通过技术规则达成共识。

总之，区块链可以实现全球数据的分布式储存。也正是因为如此，它才变成了一个规模巨大的分布式数据库。在这个数据库中，任何企业、机构、个人都可以存储数据，而且不需要担心自己的数据会被篡改或删除。

3.1.2 分类研究：三种不同的区块链

区块链依据其节点的分布情况可被划分为公有链（public blockchain）、联盟链（consortium blockchain）、私有链（private blockchain）三种类型。

公有链的节点只需要遵守一个共同的协议，便可获得区块链上的所有数据，不需要任何的身份验证。与联盟链和私有链相比，公有链的节点被某一主体控制的难度最大。

联盟链主要面向某些特定的组织机构。因为这种特定性，联盟链的运行只允许一些特定的节点与区块链连接，这也就不可避免地令区块链产生了一个潜在中心。

像那些以数字证书认证节点的区块链，它们的潜在中心就是 CA 中心——证书授权（Certificate Authority）中心；那些以 IP 地址认证节点的区块链，它们的潜在中心就是网络管理员。正如"擒贼先擒王"的道理，只要控制住区块链的潜在中心，就有可能控制住整个区块链。相比于公有链，联盟链被控制的难度要低得多，中心化程度也没有那么高。

私有链的应用场景通常在企业内部。从名称上看，私有链其实并不难理解，其特点之一就在于"私"——私密性。

私有链只在内部环境运行而不对外开放，只有少数用户可以使用，所有的账本记录和认证的访问权限也只由某一机构或组织控制。因此，相较于公有链和联盟链，私有链不具有明显的去中心化特征，只是拥有一个天然的中心化基因。

不同于公有链的广泛流行和使用，业界对私有链的存在价值具有颇多争议。有人认为，私有链并无存在意义，因为它仅仅是一个分布式的数据库，容易被主体控制；也有人认为，只要把私有链的应用建立在共识机制的基础上，它还是具有存在的意义。

3.1.3 区块链的运作机制

人类历史上一共出现了三次大的社会变革：第一次工业革命以蒸汽机为代表，初步形成了资本主义世界体系；第二次工业革命以电力为代表，各种新发明、新技术应运而生，促进了经济发展；第三次科技革命以计算机为代表，航空航天、分子生物学、遗传工程等技术在这一时期诞生，全球开始从中受益。如今，工业4.0 已经逐渐我们的视线，物联网、大数据、人工智能、无人驾驶、机器人 AI、3D/4D 打印、基因工程、量子工程、5G 等新技术开始融合。

但这些技术的融合都少不了区块链的参与，而且现在也有越来越多技术专家已经认识到区块链的巨大价值。此外，与其他传统的技术相比，区块链的运作机制也非常有特点，具体有以下两个方面。

1．解决信任危机

区块链与数学原理息息相关，这里所说的数学原理是哈希（hash）方程。哈希方程可以实现数据从一个维度向另一个维度映射，常用 $y=hash(x)$ 表示。在哈希方程的基础上，区块链可以隐藏原始信息，解决交易过程中的所有权验证问题。而且，在区块链上，所有记录、传输、存储结果都是唯一且可信的，一旦生成将无法被篡改。

2．区块链的交易流程

在计算机出现前，我们采用的多是现场交易，即一手交钱一手交货。当计算机出现后，我们可以通过电子银行、支付宝、微信支付等工具直接在线上交易。线上交易虽然为我们带来了便利，但还是存在一定的安全问题，这时区块链的分布式记账就可以显现出优势。

具体地说，当分布式记账结束后，与其相关的信息和数据会在区块链上留下记录，并自动生成交易订单。这个交易订单上记录着当前所有者与上一位所有者的全部情况，并且会自动传至全网。这样就可以更好地保障交易的安全性与真实性。

3.2 区块链与物联网的关系

通过前面的内容，大家已经对区块链有了一定的了解。事实证明，区块链的确可以解决很多领域的难题，物联网就是其中一个。不仅如此，在物联网领域，区块链的应用已经涵盖了多个行业，发展前景非常广阔。

3.2.1 标准链 VS 物联网

从理论上来讲，联网设备的信息应该由设备制造商的服务器来收集，因此，服务器需要具有强大的运行和存储能力。但随着联网设备的不断增多，维护服务器的成本也将进一步提高，这使得中小型企业面临更大的压力和挑战。

而且，由于兼容问题，联网设备之间很可能出现通信受阻现象。联网领域的碎片化特征越来越明显，联网设备所连接的网络都是割裂且封闭的，在短时间内很难达成一致。基于这种情况，标准链（一个区块链团队）结合区块链的特性，提出了物联网的概念。

标准链通过区块链组建一个去中心化的超级计算机，电脑、智能手机、游戏手柄等联网设备都可以在这个超级计算机上运行并建立连接，还可以互相提供服务。简言之，在超级计算机上，联网设备提供输入/输出服务，数据在物联网中处理，由标准链控制。

如果将标准链看作一个安全、可靠的去中心化运营组织，那么联网设备就是这个组织里的公民。在标准链中，联网设备向其他个体购买生产资料，通过贡献自己的生产力或生产资料来获取报酬、缴纳税收。和目前的联网设备不同，运行在标准链上的联网设备获取的都是分布式服务。也就是说，一个联网设备获取的服务是由标准链中的一个联网设备或者其他多个联网设备共同提供的。因为无法确认服务的来源，所以标准链将这种模式称为物联网。

在设计物联网时，标准链以自进化系统为核心。这个自进化系统的基础是价值激励，具体可以从以下三个方面说明。

（1）定义价值尺度和激励方法。为了衡量物联网中联网设备的贡献，标准链定义了贡献的价值尺度，制定了合理的激励方法。通过对联网设备的激励，物联网的价值已经被充分挖掘出来，并得到了非常不错的应用。

（2）建立社区生态。标准链建立了一个去中心化社区生态，目的是为开发者提供友好的正向反馈机制。

（3）实现自我进化。标准链的自我进化治理模式可以引导物联网向更快的计算、更强的系统、更好的体验进化，还可以避免人为干涉。

标准链在"区块链+物联网"方面做出了巨大贡献，希望借助区块链的力量，将分散的存储、计算、带宽等能力聚集起来，建立一个分布式的超级计算机。物联网可以为这个超级计算机提供处理数据的算力，同时使联网设备相连，形成完整且立体的系统。

因为各项服务对时延和算力的要求存在很大差异，所以标准链对物联网的应用场景进行了细致划分。根据应用场景的不同，标准链也制定了相应的解决方案。未来，在标准链的努力下，物联网和区块链会实现更紧密的融合。

3.2.2 物联网与智能系统应用

区块链的发展会对物联网与智能系统产生深刻影响，其中一个影响是生产商可以通过区块链交换和追踪联网设备的数据。这是因为区块链作为分布式账本，可以记录和存储联网设备的数据，这为生产商提供了极大便利。

我们不妨设想，一台自动售货机既可以实时监控库存情况，又可以从不同分销商处招标，还可以在新产品到库时自动付款（新产品是根据客户消费历史进行采购）。我们还可以设想，洗衣机、洗碗机、吸尘器等一整套智能家居设备，能够根据时间及电力损耗情况自动安排工作的顺序；或者，一台汽车可以自动检测各项参数，判断是否需要安排保养。

现在，上述设想都可以被区块链与物联网实现。区块链本身有成为独立个体代理的潜力，即我们经常说的"DAC"（分布自治机构）。DAC 提供的去中心化网络，可以作为传统上依赖信任和中心化机制的银行及仲裁机构的补充。此外，区块链可以为传送机密信息的电子通信业务提供安全保障，还可以为智能系统的数据转移做担保，实现软件的自动推送。

需要注意的是，在没有中心化服务器赋予权限、处理消息前，所有去中心化方案都应该支持非信任机制的点对点的数据分享，这是区块链与物联网融合的重要前提。

3.3 区块链与物联网彼此成就

现在，区块链的发展还不是十分成熟，但那些较早入局的企业已经为该技术的崛起奠定了坚实基础。在区块链的助力下，物联网将迈向实用时代，解决现实生活中的各种问题。当然，物联网也会为区块链的未来"蓝图"增添新色彩。

3.3.1 区块链提升物联网的效率

目前，阻碍物联网进一步发展的重要原因是终端设备成本高昂，很多企业没有能力负担。在终端设备得不到优化的情况下，物联网的工作效率自然无法提升。随着云计算的逐渐普及，物联网需要通过云端服务器存储、传输终端设备获得的数据信息。由于终端设备的数量比之前有大幅增加，与其相关的运营与维护成本也在相应提高。

然而，区块链为物联网提供了特殊的"待遇"。物联网在进行数据存储、传输与终端管理的同时，不再需要大型的数据中心作为其背后的支柱。此外，物联网还能够通过区块链进行数据采集、软件更新甚至线上交易等重要操作。

BCG（全球性的商业战略咨询机构）与思科（网络解决方案供应商）曾经发布过一篇联合研究文章，文章显示，对于物联网的一些特性，区块链堪称其最佳搭档。若区块链与物联网的技术结合能够符合如下特征，二者便能够创造更多价值。

（1）在不同设备之间建立较好的信任度并保证数据透明。这些设备通常由对他方不持有信任态度的各方管理，一旦建立起良好信任就能够有效提高效率。

（2）利益相关方进行数据互通。单一性记录比较容易出错，数据流失的后果也相对严重，受损成本较高。若通过利益相关方进行数据互通，则能够达成真正的信任。

（3）设备具备可靠性和安全性。由于攻击者对数据的窃取和篡改等行为会造成很大的损失，因此保证设备可靠是提高物联网效率中十分重要的一步。

（4）去中心化交易与自动决策。通过物联网与区块链的结合达成对目标指令的及时实施，通过系统的自动决策达成最高效的反应措施；去中心化的交易能够进一步避免资产出现问题，保证个体对资产的所有权与控制度。

在符合以上特征的前提下，物联网与区块链能够进行相对完整的结合，从而弥补一些制度上、技术上的漏洞。二者的结合有以下三点优势。

（1）降低成本。区块链能够在多个利益方中间搜集相关的真实性数据。这不仅有利于削弱中间商的存在，还可以通过去中介的方式明确交易链中的费用，带来效益的增加和人力效率的提高。

（2）增加收入。目前，企业通常会借助"物联网+区块链"降低自身损失，但殊不知，"物联网+区块链"的最大作用是提升物联网的价值。例如，在服务、机器交互、数据变现等不同领域，对物联网进行推广，可以为企业创造全新的收入。

（3）低风险。在全球化日益加深的背景下，企业需要面临越来越复杂的要求，而区块链与物联网的结合能够帮助企业对必要的审计记录进行追踪收集及相应维护，从而满足不同的监管需求，达到降低风险的效果。另外，在降低风险的基础上，"区块链+物联网"甚至能够帮助企业确保产品的质量与属性，进而达到维护企业声誉的作用。

从短期效果来看，区块链与物联网融合可以提升效率、降低风险、提高创收；从长期效果来看，二者融合能够扩展收入来源、加快行业发展、促进新商业模式的出现与发展。

3.3.2 统一物联网平台语言

就目前状况来看，全球物联网平台缺少一种统一的语言，这就很容易对联网设备之间的通信造成不良影响，还很容易产生多个竞争性的标准。当全球物联网平台的数量越来越多时，如果没有一种可以进行通信的统一语言，那么不仅会拖慢通信速度、拉低通信效率，还会使通信成本大幅度增加。

区块链的分布式对等结构和公开透明算法，可以在物联网各平台之间建立互信机制，而且不需要花费太高的成本。这样，信息孤岛和语言不通的桎梏就都可以被打破，从而实现各物联网平台的协同合作。现在，很多家用电器都开始朝着智能化的方向发展。在不久的将来，手机和电脑就能控制所有的家用电器。到了那时，真正的智慧生活就会到来。

为了使智慧生活的进程进一步加快，微软一直把物联网作为一个主要发展领域。其开发的 Windows10 系统也有专门针对物联网的版本。但当下面临的问题是，绝大多数联网设备都是由不同厂商生产，这些厂商使用的 API 接口和相关应用存在很大差异。

随着联网设备的增加，用户体验也比之前有了大幅度的下降。为了解决这个问题，微软推出了一个名为"Open Translators to Things"的开源项目。该项目的核心目标是，让物联网平台开发者只需要写一次代码，就可以访问所有同类联网设备的相同功能。

"Open Translators to Things"将物联网平台开发者集合在一起，为实现"语言"的统一而努力。另外，微软方面还设想了这样一番场景：当实现了"语言"的统一，"微软小娜"就可以使用统一的"语言"，为来自不同国家的用户提供相同的体验。

总之，在改善物联网领域现状方面，区块链发挥了很大作用。在很多专家看来，"区块链+物联网"会有广阔的发展空间，而且从目前的情况来看，确实有越来越多企业正在积极推进区块链与物联网的融合，其中比较著名的有 Filament、阿里巴巴等。

3.3.3　创造即时、共享的商业模式

如果在联网设备中加入账户体系，再辅以智能合约，那么不同物品之间就可以进行资源和服务的自动交易。例如，某台充电桩有非常充足的电力，那么

它在收到另一台电力不足的充电桩的交易请求时，就可以在输送电力的同时获得报酬。

"物联网+区块链"创造了一种即时、共享的全新商业模式，这种商业模式可以使物联网世界的想象空间进一步扩大。如今，受限于运营成本高、交易流程繁多等问题，海量联网设备的清算任务变得非常繁重，很多企业都无法负担。

但以区块链为基础的支付体系可以使清算变得更简单，还可以实现不同联网设备之间的高频小微支付。当前，比较主流的应用区块链改变物联网的项目主要有以下两种。

1. 机器微支付模式

机器微支付模式以 OTA 项目与 Power Ledger 项目为主要代表，其核心发展任务有两个：一是打造可以满足联网设备交互的区块链支付网络；二是拓展商务合作资源，争取更多厂商的认可，使区块链支付网络嵌入足够多的联网设备，最终形成规模效应。

在真实商业场景中，机器微支付模式不仅可以支持高频、海量、零手续费的即时交易，还可以通过比较稳定的价格来衡量资源的价值，从而使联网设备自动完成支付。

2. 数据确权交易模式

数据确权交易模式的目的是促成厂商之间的合作。在通常情况下，出于"自证清白"的考虑，厂商必须为用户提供个人隐私数据加密存储的入口。有了入口以后，用户可以自己掌握隐私数据，这些隐私数据便成为可以自由交易的资产。

现在，很多国家（或地区）都非常重视用户的权益，严令禁止企业在未经用户许可的情况下私自使用和销售用户的隐私数据。在这种情况下，数据确权交易模式将获得很多厂商的支持。另外，Ruff（一个物联网操作系统）正在努力促成物联网标准化，但其对区块链的应用主要集中在数据的可信证明上，还没有实现各大厂商的真正融合。也就是说，要想让区块链发挥跨主体协作优势，推进物联网领域的标准化，还需要进一步挖掘物联网与区块链的真正价值。

综合地看，以"资源共享交易"为核心的全新商业模式正在催生出一种符合时代发展的消费需求。区块链所独有的跨主体协作优势也可以推动物联网领域实现真正的标准化。

3.3.4 MTC：打造"区块链+物联网"方案

区块链与物联网结合在一起，能够为社会带来新的技术革命及经济革命。如今，市场上的大部分项目在布局物联网时，都是通过自上而下的方式进行。例如，通过搭建云服务维护数据，然后收取费用。这种方式带来的问题就是效率低、成本高，产生的效果也不理想。

于是，一个在国内从事多年技术研发的团队开始转换思维，从新的角度创立了一个区块链项目——MTC。该团队以"非即时物联网通信"的细分市场为入口，利用 Mesh（无线网格网络），从改造底层设备开始，构建一个去中心化的自主网络。

MTC 的优势是帮助企业降低成本，具体可以从以下三个方面进行说明。

1. 更便捷的通信设备改造

MTC 将打造一个利用机器进行通信的 Mesh。Mesh 能够以动态的方式不断扩展自组网络架构，从而使任意的两个或多个设备之间都能够保持无线互联。在整个 Mesh 中，作为节点的可以是手机、冰箱、汽车、收音机等，各节点之间可以实现即时通信。Mesh 用一条条较短的无线网络代替传统的长距离网络，使数据和信息能够以最快的速度传输。

基于近场通信技术的 MTC 也可以部署和维护整套解决方案。MTC 可以为各类 App 提供 Mesh 和 SDK、为各种数字钱包提供链外快速交易的 API、为物联网企业提供低功耗的 BEL Mesh 模块。MTC 通过 SDK 开发的 App 实现现有终端的连接，例如，共享单车、自动售货机在现有终端的连接等。目前，联网设备都使用 Iora、NB-lot 等基站网。有了 MTC 这个去中心化的区块链项目以后，成本可以大大降低。

2．数据存储和维护

对于整个自主网络，MTC 提供以区块链为基础的分布式数据存储，可以实现公链和企业私链的并存。不过，MTC 会向企业收取相应的费用。和云存储相比，以区块链为基础的分布式数据存储具有不可篡改的特性，成本也要低得多。

3．简化技术流程

在 Mesh 的助力下，MTC 不仅实现了无网支付，还帮助自动贩卖机、共享充电宝等行业的物联网企业降低网络通信费用。联网设备可以通过用户的手机验证交易是否有效，也可以在离线状态把验证信息传回互联网。换句话说，在进行无网支付时，MTC 会先通过 Mesh 来确认支付信息，再将其同步给离线节点。

现在 Mesh 主要应用于网络环境复杂和需要近场通信的场景，如地下停车场、矿场灾害救援等。因为 Mesh 的工程规模比较大，要想进一步普及还有一定的难度。但 MTC 团队凭借多年的经验以及坚持不懈的精神，很可能会取得成功。

把区块链的去中心化协议与 Mesh 的底层网络架构结合起来，能够形成新一代的区块链网络和物联网底层通信协议。总之，低成本的区块链能够把整个物联网领域激活，这是 MTC 不可或缺的有力武器。例如，用户在手机中安装了 MTC

钱包应用，在使用共享单车或者出租车时，手机就会自动采集相关数据并传输给区块链。而作为奖励，用户将自动获得 MTC token，这样的激励机制能够推动物联网生态的建立。

从物联网经济的角度出发，把 Mesh 与区块链、物联网相结合可以开发哪些应用呢？目前，MTC 团队已经开发了无网支付与近场支付等应用。例如，在支付 App 中使用 MTC 的 Mesh，无论是否有网络支持，都能够快速完成支付；利用 MTC 的近场感知技术，当预定商品的用户到达商店附近时，手机会自动通知商店把用户预定的产品整理好，等用户到达时直接把产品送到用户手中。

MTC 还在积极研发无网聊天、近场社交、区块链钱包、智慧城市、室内定位、近场无网支付、物联网控制等功能，同时非常希望把所有基于 Mesh 的应用整合起来构成一张点对点的网络，实现所有物品的网络化、数字化、信息化。

第 **4** 章

物联网+人工智能：提升自动化水平

人工智能（Artificial Intelligence）是一项新技术。现在关于该项技术的研究主要集中在语言识别、图像识别、专家系统等领域。人工智能与物联网是相互影响的，二者融合可以提升自动化水平，让我们的生活和工作变得更高效。

4.1 人工智能是一项具有颠覆性的技术

百度创始人李彦宏曾经表示，我国未来的发展会依赖于人工智能，人工智能对供给侧和消费端都产生了巨大的影响。人工智能通过各种不同的算法运行，这些算法能够反映人类的逻辑，也能实现由计算机代替人类做一些事的目标。该技术不仅可以模仿人类的逻辑，还会延伸人类的逻辑。如今，人工智能似乎已经无处不在。

4.1.1 人工智能发展：一波三折、命运多舛

人工智能的发展可以用一波三折、命运多舛来形容。关于这段历史，非业内

人士可能鲜有人知。许多人都认为现在人工智能的火爆是媒体大力宣传的结果，是商界大咖争相使其商业化的结果。其实不全是如此，人工智能的迅速发展还要遵循其自身发展的内在规律。

其实人工智能的发展已有60余年了。60年有过"春暖花开"，更有过"凛冬劫难"。60年里，人工智能的发展可谓三起三落。人工智能其实早已不是新名词，它最早由1956年通过计算机专家约翰·麦卡锡在达达特茅斯举办的一次会议上提出。

在那时，人工智能的主打方向是逻辑推理。但逻辑推理只能解决一些逻辑方面的问题。对于更贴近生活的问题，人工智能显然无能为力。另外，由于科技进步，事物纷繁复杂，一些简单的人工智能不再能够适应社会发展的需求，于是第一阶段的人工智能被迫进入凛冬。

1980年，卡内基·梅隆大学开始了新一轮的人工智能研发。此时人工智能的主打方向是专业知识，方法是给计算机编写关于专业领域内核心知识的程序，使计算机能够像专家一样思考，为人们解答疑惑。起初，人工智能研发是非常成功的，但是好景不长，1987年，苹果公司和IBM生产的台式PC机都超过了拥有"专业知识程序"的通用计算机，挤占了它们的产品市场。另外，人工智能研发的成本也逐渐增高，其发展再次进入凛冬。

2006年至今是人工智能发展史上的第三个春天。此时，人工智能的主打方向是深度学习。随着Alpha GO战胜韩国围棋高手李世石，人工智能迎来了新的高峰期。在这个时期，智能机器能够通过自主学习，变得更智能化、自动化。社会各界人士，无论是商业大佬、学术大咖、技术专家还是政府机构都对人工智能的发展寄予了厚望，人们将目光聚焦在人工智能的发展上也是理所当然。

现阶段，凭借着相对发达的技术以及孜孜不倦的研究，我们相信，人工智能的发展必将迎来新的辉煌。

4.1.2 人类智慧 VS 人工智能

苹果企业 CEO 蒂姆·库克对人工智能的发展持有很理性的态度。他认为："很多人都在谈论人工智能，我并不担心机器像人类一样思考，我担心人类像机器一样思考。"由此可见，人类应该避免沦为人工智能的附庸，应当把人工智能作为一项智能化技术。这主要有以下四个原因：人类有意识、有无比的想象力、有审美能力和丰富的感情。

首先，相比于人工智能，人拥有自我意识，懂得自我思考。

法国思想家帕斯卡尔有一句名言："人只不过是一根苇草，但他是一根能思想的苇草。"由此可见，人虽然脆弱，但是能够借助意识，更好地做到"适者生存"。

其次，人具有无比的想象力。

人们看到雄鹰，凭借想象力发明了飞机；看到鱼鳍，制造了船桨；看到飞奔的猎豹，制造了跑车。缺乏想象力，一切的制造也将无从谈起，人类的文明也很难继续演进。

再次，人类有超强的审美能力。

审美是一种社会能力，必须经过深入的实践才可以获得。优秀的小说、戏曲、散文以及诗歌的创作，都离不开深入的实践、经过审美加工、进行再度创作。四大名著久传不衰，就是由于其内涵丰富，蕴含着优美的故事、深刻的人生感悟和处世智慧。这些都与作者的深刻的审美能力密切相关。目前，智能撰稿机器人只是懂得组稿，而不懂得创新，所以写不出非常深刻的内容，更无法超越人类智慧。

最后，人类具有丰富的感情。

人是灵长动物，具有丰富的情感。当人们为机器输入相关程序后，虽然它们也能够表达喜、怒、哀、乐等情感，但这些情感都是程序化的，而非真实情感。所以在情感层面，人工智能不可以与人类比肩。

4.1.3 畅想人工智能的商业未来

硅谷"钢铁侠"埃隆·马斯克曾在社交媒体上写道："对于我们人类来讲，只有坚持最美好的初衷，人工智能才会更美好。"对于人工智能的商业落地来讲，我们也要坚持最美的初衷，用更人性化的设计，促使商业变革。

传统的粗放经营的商业模式已经被时代淘汰，人工智能时代的商业模式向更集约化、细分化、智能化的方向发展。如今，智能产品在商业落地时，必须在三个层面做好细分，分别是进一步细分行业领域、进一步细分市场前景、进一步细分用户场景。

以进一步细分行业领域来说，企业可以在智能家居领域、教育领域、汽车领域或者娱乐领域进一步细分智能产品的研发应用与推广。只有这样，人们才可以更好地接受智能产品，并逐渐对智能产品产生依赖，人工智能的商业落地才会更快，市场前景才会更好。

美国的漫威影视在人工智能商业变革层面就做得极其出色。漫威本是一家漫画企业，但后来遇到经营危机，不得不卖出旗下英雄的版权来维持企业的生存。例如，漫威把 X 战警系列的改编权卖给了 20 世纪福克斯，蜘蛛侠的改编权经过一路辗转，最终卖给了索尼。21 世纪初，这两家企业把这些漫画中的超级英雄搬上了大荧屏，获得了票房上的成功。

然而，漫威此时不安。自己打造的超级英雄成了别人盈利的"嫁衣"。于是，漫威开始了复购之旅。2009 年，迪士尼成功收购漫威影视后，加快了超级英雄 IP 的复购步伐。2008 年，漫威利用新科技和强大的好莱坞特效以及精湛的编剧，把旗下的超级英雄重新搬回荧屏。《钢铁侠》的成功使得漫威获得了丰富回报。

随后，漫威影视逐渐推出更多超级英雄，例如无敌浩克、美国队长、蚁人、奇异博士、蜘蛛侠等。影视中还附带一些超级英雄，例如黑寡妇、鹰眼、寒冬战士等。随着人工智能水平的进一步提升，观众审美意识的崛起，漫威团队又陆续将复仇者联盟系列以及银河护卫队系列搬上了荧屏。

漫威影视的成功离不开人工智能的加持。人工智能辅以机器视觉技术能够捕捉观众的表情变化，从而使企业在设计剧情时能够设计出更精彩的看点；大数据技术能够让漫威团队看到来自各个影评网站的评分资料，从而对剧情、特效做出更细致化的处理；好莱坞技术团队利用云计算和深度学习技术，做出更具有视觉震撼力的特效，满足观众的观影需求。

不仅是商业电影领域，衣、食、住、行等其他商业领域也都需要人工智能的加持。只有进一步细分场景、优化场景体验，才可以让人工智能有更好的发展前景。

4.2 当物联网遇上人工智能

人工智能的发展需要大量数据的支持，但是目前现存的有价值的数据比较少。当物联网与人工智能融合，智能传感可以自动采集与处理数据，帮助企业解决数据瓶颈。此外，人工智能也可以让物联网芯片有一颗聪明的"大脑"。

4.2.1 智能传感：自动采集与处理数据

智能传感是在物联网和人工智能的基础上产生的技术。人工智能在传感器内部对原始数据进行加工与处理，通过标准的接口与外界实现数据交换，并根据实际需要通过软件控制传感器。智能传感推动了大数据、物联网、人工智能的发展，带动了产业的升级。

基于智能传感的智能传感器自带微处理器，可以将检测到的各种数据存储起来，并按照指令对数据进行处理，创造出新的数据。此外，智能传感器还可以自主决定应该传送哪些数据，舍弃哪些数据，并在此基础上完成数据分析。

相比于普通传感器，智能传感器有以下四个优点。

（1）可以实现高精度、低成本的信息采集；

（2）具有一定的自动编程能力；

（3）可靠性和稳定性都很高；

（4）功能多样化，适用性强。

在机器人领域，智能传感器是机器人实现各种动作的基础，是机器人的"神经中枢"，可以使机器人拥有和人一样的感官功能，如视觉、声觉、力觉、味觉、嗅觉等。此外，智能传感器还可以检测机器人的工作状态。可以说，没有智能传感器，机器人将沦为"玩具"。

机器人的视觉传感器是一个深度摄像头。深度摄像头能代替机器人的眼睛，通过一定的算法感知物体的形状、距离、速度等信息，帮助机器人辨识物体，实现定位。它具有探测范围广、获取信息丰富等优点。

机器人的声觉传感器主要是语音识别系统。语音识别系统可以对气体、固体、液体中传播的声波进行监测和分析，进而辨别语音和词汇。近年来，语音识别系统已经被大范围应用，国内外很多企业都开发出了先进的语音识别产品，如科大讯飞、思必驰、腾讯、百度等。

机器人的距离传感器主要是激光测距仪和声呐传感器。激光测距仪和声呐传感器可以为机器人导航，帮助机器人躲避障碍物。例如，SLAMTEC-思岚科技研发的激光雷达传感器 RPLIDAR A2 就能够实现 360 度全方位扫描测距，帮助机器人以更快的速度描绘出周边环境的轮廓图，并按照导航方案自主构建地图，进行路线规划。

机器人的触觉传感器主要是力觉传感器、压觉传感器和滑觉传感器等。它们可以用来帮助机器人判断是否接触外界物体或测量被接触物体的特征。常见的触觉传感器有微动开关、导电橡胶、含碳海绵、碳素纤维、气动复位式装置等。

当前，智能传感还不是非常成熟，在材料、设计、工艺等方面存在缺失。由于智能传感器的研究门槛高、投资风险大，应用起来比较有难度。不过，随着国家加大对智能传感和智能传感器的支持，智能传感领域将迎来一个难得的发展机遇。

4.2.2　物联网芯片有了"大脑"

传统企业要想转型，离不开智能定制芯片。本节我们将以家电企业格兰仕为例，介绍传统企业是如何在物联网时代依靠智能定制芯片占据市场。随着物联网的兴起，家电市场也对智能定制芯片的需求量大幅增加。目前，我国的很多高智能芯片依旧来自国外，但是要想快速带动家电企业的创新发展，家电企业需要多重视芯片技术开发与软件技术开发的协同前进。前者为后者的产智能化生产提供市场保障，而后者为前者提供技术支持。

格兰仕是一家世界级的家电企业，在广东地区拥有国际领先的微波炉、空调等家电研究和制造中心。格兰仕在 16 款产品中都植入了物联网芯片。此项举措标志着格兰仕的转型升级——正式向智能家电企业、向更有前景的智能领域迈进。

格兰仕对待智能领域的态度是，在智能物联网时代，不以电脑、手机等通信设备的芯片为中心，而要更加注重创新技术架构。所以，格兰仕与一家智能芯片制造企业合作，为格兰仕家电设计出了一套高性能、低功耗、低成本的专用芯片。在相同的条件下，他们创造出来的新架构比英特尔、ARM 的架构速度更快、能效更高。

格兰仕的高层曾在采访中表示，他们开发的专属芯片，不只用于各种家电场景，还可用于服务器。由此，格兰仕可以创造出格兰仕家电特有的生态系统，让家电更高效、安全、便捷地实现智能化。

格兰仕实现了从传统制造向智能化转型的第一个台阶。要全面实现智能化企业的转型，格兰仕还需要再加强软件方面的探索。为此，格兰仕与一家德国企业进行了边缘技术方面的合作，将芯片与软件协作控制的人工智能应用到家电产品中。

从实践活动来看，相比云计算，格兰仕的边缘计算更接近智能终端，其数据计算安全性与效率相对来说都比较高。未来，为了更好地占领市场，格兰仕将在其计算服务云中部署大型物联网系统，争取在同一个平台上完成对生产、销售、售后服务等环节的全面管理，实现从"制造"到"智造"的转变，加速企业利润的快速增长。

4.3 案例分析：物联网与人工智能的应用

物联网与人工智能的融合显现出了极大优势，许多企业都在这个方面付出了努力，以求能够抓住机遇。在物联网与人工智能的研发应用方面，IBM、Google、爱奇艺是非常具有代表性的企业。

4.3.1 IBM：基于物联网的认知计算

美国采购商 Bnp Parabis、IT 咨询及技术服务供应商 Capgemini 等企业纷纷入驻 IBM 物联网事业部，共同建立认知联合实验室。随后，IBM 与瑞士工程集团 ABB 达成合作，共同开发基于物联网和人工智能的数字产品。接着，IBM 宣布将面向厂商推出认知营销系统和视觉认知系统。这些举动都体现出 IBM 正在入局"物联网+人工智能"这一领域。

IBM 希望将人工智能逐渐融合到物联网中，形成基于物联网的认知计算，构建一个认知型物联网。IBM 全球 CEO 罗瑞兰也说过："对于技术研发，我们是认真的，我们正朝着一个可以认知的物联网进发。"物联网、人工智能、云计算、大数据等技术的快速发展，让 IBM 了解到，认知计算其实与物联网环环相扣，可以实现智能化创新。

如果把基于人工智能的认知计算与物联网充分融合，那么很多传统行业，如汽车行业、物流行业、保险行业等，可以实现认知应用和转型升级。与此同时，人工智能和物联网的商业化进程也可以进一步加快。在此理念的指导下，IBM 研发出了人工智能平台——Watson。

Watson 比较虽然低调，但其在商业化方面的发展并不逊色，目前已经进入法律、医疗、教育多个领域。未来，IBM 希望借助物联网为人工智能打造一个更好的生态环境，让更多企业了解认知计算并积极参与进来，尽快实现认知计算的落地应用。IBM 还在进一步扩大物联网的应用范围，与众筹平台 Indiegogo 等企业合作，为认知计算提供更多落脚点。

4.3.2 Google：赋予物联网"思维能力"

现在智能设备越来越多，为了方便用户对其进行操控，企业往往会为其搭配一个 App。但试想，如果用户必须为每个智能设备安装一个 App，那么这是一件好事吗？可能并不是。因此，Google 针对这个问题推出了一个名为"The Physical Web"的项目。这个项目的宗旨是让用户和各种智能设备可以更好地交流与沟通。

Google 想借助"The Physical Web"把网络世界和现实世界连接起来。在网络世界中，URL（统一资源定位器）是连接的基础，具备去中心化的特征。"The Physical Web"的目标是让每个智能设备通过 URL 对自己进行标识，这样用户就可以根据需求，借助 URL 与智能设备完成交互，从而优化用户在现实世界中使用智能设备的体验。

有了"The Physical Web"，智能设备可以通过物联网对自己的 URL 进行广播，并让 URL 与附近的手机、iPad、电脑连接在一起。虽然"The Physical Web"可以方便用户的生活，但它不会完全代替与智能设备配套的 App。当用户偶尔需要使用某个智能设备时，不必非要去应用商店下载专门的 App。

通过 Google 研发"The Physical Web"的案例，其实我们不难发现，Google 非常关注连接——它希望在现实世界中用网络世界的思路解决问题。在物联网越来越普及的情况下，让用户借助 URL 将智能设备连接到物联网中，未尝不是一件好事。

4.3.3 爱奇艺：变身以技术驱动的平台

在文娱领域，百度利用物联网、人工智能将爱奇艺打造成一个以技术驱动的娱乐平台，具体可以从以下四个方面说明。

1. 使爱奇艺更懂娱乐，更懂内容

物联网的传感器可以广泛搜集用户的心理需求，帮助编剧有针对性地设计故事情节、人物关系等；人工智能可以对影片的播放量进行较为准确的预测。在营销方面，物联网和人工智能还可以帮助爱奇艺实现对广大用户的精准触达。例如，爱奇艺自制音乐选秀节目《中国有嘻哈》便根据数据分析结果编排节目，实现精准营销。

2. 使爱奇艺更懂合作伙伴

爱奇艺的合作伙伴来自很多领域，其中最重要的是内容提供方。爱奇艺可以利用物联网、人工智能对视频有针对性分发，保证每一个由内容提供方制作出来的视频都可以精准触达相应的受众群体，最大限度地确保视频被用户喜爱，进而更好地变现、反哺合作伙伴。

此外，爱奇艺还会利用物联网、人工智能进行场景识别，保证广告商的利益。例如，在直播中，人工智能可以实时将桌面上的矿泉水换成广告商的产品。

3. 使爱奇艺更懂用户

爱奇艺借助传感器搜集数据，继而通过智能系统分析这些数据，了解用户的行为习惯，包括用户曾经发表的评论、点赞、使用的表情符号等。爱奇艺通过每一个细节了解用户，绘制出精准的用户画像，继而推出更受广大用户喜爱的内容，为用户带来更贴心的服务。

4. 使爱奇艺更懂视频

爱奇艺将物联网、人工智能应用于视频创作、生产、标注、分发、播放、变现等多个环节，对这些环节进行优化，从而极大地提升效率，节约成本，使广告商获得更丰厚的回报，为用户带来更优质的体验。例如，在创作视频的过程中，爱奇艺的工作人员可以利用人工智能高效提取视频，自动生成动态封面，以便用户对视频进行预览。

一场"智能物联"革命正在如火如荼地开展，诸多领域将迎来一场由技术掀起的热潮。在这场热潮下，无论是资本雄厚的知名企业，还是拥有技术实力的新兴企业都在力争将自身的优势与技术融合，不断进行尝试，探索技术的未来发展之路，争取为用户带来新一波红利。

•第5章•

物联网+大数据：抓住制胜关键点

随着经济的发展，"物联网+大数据"已经成为一个非常明显的趋势。一方面，物联网融合大数据可以打造发展新机遇；另一方面，大数据与物联网是走在时代前列的技术，可以帮助企业抓住制胜关键点。大数据与物联网作为两种相互独立的先进技术，要想实现深度融合，除了要闯过技术上的难关，还需要政府和公众的支持。

5.1 拥抱已经到来的大数据时代

作为一种非常关键的战略资产，大数据已经渗透到了各个行业和各个领域，其深度应用不仅可以提高企业在市场中的竞争力，还可以促进经济的不断发展以及相关产业的持续升级。从宏观层面来看，数据思维可以引爆大数据时代；从微观层面来看，在大数据的助力下，企业将拥有更先进、完善的大数据价值链。

5.1.1 数据思维引爆大数据时代

大数据的崛起为物联网的发展提供了丰富资源。Talking Data 是一家专注于大数据的企业，该企业的技术团队十分注重数据资源的挖掘、积累与优化。他们认为："无论是物联网还是人工智能，或者是自动驾驶等高新技术，都离不开对数据的深刻理解和应用。没有海量数据的支撑，物联网很难在近年来获得快速发展。"由此可见，大数据非常重要。

随着时代的不断发展，大数据的内涵已经有了深刻变化。如今的大数据包含越来越大的信息量，数据的维度也越来越多。例如，大数据不仅能够捕捉图像与声音等静态数据，还能够捕捉人们的语言、动作以及行为轨迹等动态数据。

传统的数据处理方法已经不能够更好地处理这些复杂的数据。在物联网时代，大数据需要融合物联网，自动捕捉非结构化的海量数据并对其进行优化处理，从而解决更多问题，为物联网的发展与商业变革做出更大贡献。

在物联网时代，企业要想高效利用大数据，应当具备以下四种能力，如图 5-1 所示。

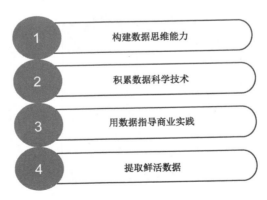

1 构建数据思维能力

2 积累数据科学技术

3 用数据指导商业实践

4 提取鲜活数据

图 5-1 物联网时代，企业高效利用大数据应具备的能力

首先，构建数据思维能力。

智能产品发展与物联网落地，都需要企业有深刻的数据洞察力与理解力，把数据延伸至产品的市场调查、早期设计、用户跟踪及用户使用反馈上。这样，研发团队设计的智能产品才能够真正具有商业价值。

其次，积累数据科学技术。

数据科学技术的发展日新月异，物联网时代，研发团队要紧跟时代，掌握最新的数据处理方法，用最先进的算法处理数据，让数据真正为自己所用。

再次，用数据指导商业实践。

数据的优化与处理要与商业运营相结合。企业应该根据大数据统计分析的有效结论，指导智能产品升级与完善，从而占领更广阔的市场。

最后，提取鲜活数据。

鲜活数据往往具有很强的时效性，会带来更多价值。为了获得这种数据，各数据机构与平台要保持开放的心态，积极与企业进行数据合作，这样才能够在物联网时代取得共赢。

未来，利用大数据整合多元的数据资源，并结合行业特点对其进行高效应用，能够促进行业升级，促进物联网的进一步发展与商业落地。

5.1.2 大数据的"4V"特征

在描述信息爆炸时代产生的海量数据时，我们通常会使用"大数据"这个名词。众所周知，无论是企业还是相关政府部门，都掌握着规模非常庞大的数据。这些数据的规模甚至已经庞大到无法用 G 或 T 来衡量。在这种情况下，大数据的起始计量单位就被定为了 P（1000 个 T）、E（100 万个 T）或者 Z（10 亿个 T）。

对于大数据，研究机构 Gartner 给出过一个详细定义："大数据是需要新处理模式才能具有更强的决策力、洞察发现力和流程优化能力来适应海量、高增长率和多样化的信息资产。"麦肯锡全球研究所也给出过大数据的定义:"大数据是一种规模大到在获取、存储、管理、分析方面大大超出了传统数据库软件工具能力范围的数据集合。"

如果对上述两个定义进行分析总结,那么我们可以知道,大数据其实是指所涉及的资料规模过于庞大,目前的主流软件工具已经无法在合理时间内对其进行采集、管理、分析,并整理成为帮助企业制定经营决策的信息。

我们只了解大数据的内涵是远远不够的,还需要掌握大数据的特点。通常来讲,大数据应该具有四个显著特点,如图 5-2 所示。因为这四个特点的英文分别是 Volume(大量)、Velocity(高速)、Variety(多样)、Value(有价值),所以也被称为"4V 特点"。

图 5-2　大数据的四个显著特点

从目前的情况来看,每个行业和业务职能领域都和数据有着千丝万缕的联系,数据成为一个重要的生产因素。不仅如此,在物联网时代,大数据应用已经涉及越来越多的领域,如金融、军事、通信、电商、环境生态、医疗等。所以,无论是企业还是政府相关部门,都要提起对大数据的重视。

5.1.3　思考:什么构成了大数据价值链

事物的发展与变化是有规律的,我们通过数据分析可以发现这种规律,洞察先机，做出决策。例如，阿里巴巴的电商平台每天产生数亿交易额，用户可以通过搜索寻找自己心仪的产品。很多用户搜索的关键词被阿里巴巴记录在了数据库里。阿里巴巴通过数据分析能够发现热销产品，预测即将火爆的产品，并根据分析结果有针对性地投放广告，提升转化率。

如果问全球哪家企业充分挖掘出了数据的价值，答案就是亚马逊。在亚马逊的运营中心，洗发水和杯子在货架上一起摆放着。这是亚马逊独特的"随机上架、见缝插针"的摆放制度，即所有货物按照节省空间的原则随机摆放着。在网购高峰期，这种摆放制度很好地利用了库房的每一寸空间。

在物流环节，负责上架的员工根据行走路线，把货架上随意摆放货物扫描到系统里面。这样有效地缩短了员工拣货的距离。系统清楚地记录着货架利用率，通过货架的多余空间，结合产品的物理参数，自动向员工推荐可以快速上架的区域。这种独特的摆放原则为亚马逊处理每张订单节省了 3 分钟，提高了 3 倍效率。

用户下单后，亚马逊先进的物流系统会通过复杂的模型计算出最近的配送站点。亚马逊还通过经纬度级别了解用户的收货地址，并根据快递员的配送效率等因素推荐合理的快递员数量以及配送路线，做到了精准配送。

"用户还没下单，快递已到家门口"不再是一种夸张的说法，亚马逊利用独家法宝——"预测式发货"做到了精准预测订单。"预测式发货"的实质是基于数据分析预测用户的想法。通过分析用户的历史订单、产品搜索记录、购物车清单及其在某件产品上停留的时间等数据，亚马逊做到了在用户还没有下单购物前，就将包裹调拨到离用户最近的运营中心。

亚马逊利用庞大的数据库，能够在"双 11"前就预测到用户会购买什么产品，提前将产品送达到距离用户最近的运营中心，缩短产品和用户之间的距离。亚马逊为"双 11"的物流高峰期未雨绸缪，真正实现了"单未下，货已到"。

大数据的优势不仅仅如此，企业还可以利用海量数据实现供应链管理自动化。例如，大数据帮助亚马逊自动生成采购时间、采购数量等采购决策，并通过库存数据分析进行库存分配、调拨和逆向物流等。大数据通过完善的库存管理流程提高了亚马逊的库存水平，优化了其管理效率，实现了100%的准时发货率以及98%以上的送达准时率。

随着数据的爆发性增长，人们获取数据的渠道也越来越多。然而，通过分析挖掘海量数据的价值去预测未来，却是很多人想都不敢想的事。由于数据收集、存储、管理和分析等过程没有了技术制约，越来越多具有挑战精神的科学家、分析师、企业管理者开始对这方面进行尝试。不可否认，未来，大数据的光芒将照亮整个世界，各国对大数据应用的探索也为人们增添了对大数据的憧憬和信心。

5.2 物联网需要和大数据融合

大数据发展经过了三个阶段：第一个阶段，数据没有经过充分检验，而且是无序的；第二个阶段，大数据正式兴起，可以在智能算法的助力下进行质量排序；第三个阶段，大数据与其他技术融合，数据得到了更充分地利用。物联网帮助大数据进入第三个阶段，二者融合可以打造发展新机遇，例如，迪士尼便在此基础上推出的独特的流行魔术手环（Magic Bands）。

5.2.1 物联网融合大数据，打造发展新机遇

关于物联网与大数据的未来，很多专家都给出了自己的看法。他们认为，从长远角度来看，大数据融合物联网可以为各行各业带来发展新机遇。例如，物联网与大数据会深刻地影响制造行业。而且，根据经济增长规律可以知道，这个影

响几乎是必然的。

当然，物联网与大数据的融合不仅能够促进制造行业的转型升级，还能够提升文化行业的效率与活力。这里以智能写稿机器人为例进行说明。物联网与大数据的融合可以提高写稿机器人的组稿效率。写稿机器人在写稿的数量上就能够"完全战胜"记者与编辑。

写稿机器人不仅能够在写稿数量和写稿速度上完胜一般编辑，在资料获取能力上也要略胜一筹。写稿机器人借助大数据能够高质量地搜集素材，站在"巨人"的肩膀上思考，最终组成质量相对较高的稿件。这样记者和编辑就能够从初级的、重复的组稿工作中解放出来，进行更有深度的采访，完成更具创造力的编辑工作，为大众提供更高水准、更有营养的作品。

在图像识别领域，物联网与大数据也可以发挥作用。ImageNet 是一个规模非常大的智能图片分析平台，能够自动识别图片及图片中的物体。为了使 ImageNet 达到良好的识别效果，团队成员从网上下载了上亿幅图片，接着又用了 3 年的时间对图片进行加工处理。

经过周密的部署与数据统计，该团队将海量数据分为上万个图片类别，建成了一个超级图片数据分析库。在这之后，该团队又重新利用算法优化了这些图片，并融合物联网、大数据、人工智能等技术使 ImageNet 能够精准地识别物体。

在 ImageNet 的影响和指导下，现在很多智能设备都具有图像识别功能。例如，百度网盘具有强大的图片识别功能，可以智能地将用户上传的图片进行分类整理。用户在使用产品时也会倍感方便。

5.2.2 走在时代前列的大数据与物联网

传统的数据收集是以抽样代表总体，人类对世界的认识是非常简单、明了的；而物联网时代的数据是海量的，人类对世界的认识在局部上并不清晰，但能真正看清环境与未来方向。数据在经过恰当的分析与处理后，可以给人们一个非常有价值的发现。

例如，中英人寿通过分析数据找出了可能患高血压、糖尿病和抑郁症的人群。中英人寿没有使用血液和尿样，而是对人们的爱好、常浏览网站、喜爱节目、收入等数据进行分析得出的结论。中英人寿的数据分析只需不到 10 美元，却在每位客户身上节省了 100 多美元。

如今，很多网站的内容已经不再依赖于新闻敏感度，而依赖于物联网设备带来的海量数据。数据能够找到符合大众口味的新闻，甚至比那些有经验的记者做得还好。教育机构利用数据分析优化课程，吸引更多学生购买课程。例如，教育机构可以深入研究学生在观看课程时暂停或者重放的片段，找出其中不明晰或者很吸引人的地方反馈给课程设计人员。

在物联网时代，运用大数据就是一场寻宝游戏，科学家对数据进行分析，将数据的潜在价值挖掘出来，远远高于其基本用途。大数据本身是数据，没有什么意义，挖掘与处理才是发挥其价值的关键所在。随着物联网、大数据的逐渐成熟，很多企业过去积累的大量数据有可能发挥出新价值。例如，政府用微观居民和企业用电量数据指导智能电网建设、警局用交通事故和犯罪数据指导警方破案、政府用消费和税收数据指导收入分配等。

5.2.3 迪士尼：独特的流行魔术手环

魔术手环（Magic Bands）是每位游客都可以在迪士尼或者官方网站上买到的小物件。它可以向四周发射无线电波，让服务人员在距离游客几步之遥收到信号。这个信号也可以被园内的无线电接收器接收到。通过这些技术，服务人员可以迅速知道游客的位置。

迪士尼创始人——沃尔特·迪士尼想让走进迪士尼的游客与科技为邻。在迪士尼园内，很多科技是非常先进的，魔术手环当然也是其中一个。魔术手环和在线平台 MyMagicPlus 是配套的，其设计很简单，可以让游客清楚地知道应该怎么使用。

在魔术手环的接触点，有一个可爱的被圆环包围的米奇头像。这个头像和手环上的头像吻合。只要两个头像对接，游客就可以进入迪士尼。从外观上看，魔术手环是简单、时尚的橡胶腕带，有灰色、绿色、粉色、黄色、橘色、红色等多种颜色，如图 5-3 所示。

图 5-3　迪士尼的魔术手环

魔术手环内嵌射频识别芯片、无线电发射装置，以及可以续航两年的电池。它虽然看似平平无奇，但可以将游客和迪士尼园内的传感器连接起来，为游客生成一个最优的游玩路径。更奇妙的是，当游客在迪士尼就餐时，如果魔术手环与 iPhone 手机配合使用，那么餐厅的工作人员就可以提前知道游客即将到达。等游客到达后，工作人员不仅可以清楚地了解游客的食物偏好，还可以说出游客及其家人的名字。

如果游客提前注册了"魔法快速通道"（Magical Express），那么从游客到达迪士尼开始，所有游玩手续就都由魔术手环代替游客办理。游客不需要门票，只需要在门口扫一下魔术手环，就可以直接参加他们预定的游玩项目，非常方便。

魔术手环用数以千计的传感器把迪士尼变成一个大型电脑，相关人员可以实时掌握游客的所在位置，了解他们想参与的游玩项目。现在，迪士尼致力于通过魔术手环为游客创造最佳的游玩体验。未来，迪士尼将在物联网时代创造更多新产品，给游客更多惊喜。

5.3　如何应用"物联网+大数据"

近几年，大数据交易所不断增多，大数据已经成了一种革命性技术。但是，在这华丽"外表"的背后，却隐藏着并不如人意的事实。例如，有些企业并不能充分地应用大数据，也无法让大数据与物联网融合得很好。在这种情况下，如何从根本上解决"物联网+大数据"的应用问题就成了当前的重中之重，企业要为此制定相关措施。

5.3.1　大数据为写稿系统提供素材

如今，物联网时代到来，物联网已经逐渐被应用到很多领域。当然，这其中也包括内容创作领域。《华盛顿邮报》曾经借助物联网、大数据、人工智能等技术开发出一款新闻撰写系统 Heliograf。记者和编辑在使用 Heliograf 前，只要制作好叙事模板，并写上涉及新闻结果的词句，Heliograf 就会以叙事模板为依据，在数据交换网站 VoteSmart.org 的结构性数据源中，识别、筛选相应的数据，与词句进行匹配、撰写新闻。

在我国，物联网在内容创作领域也获得了应用，例如，腾讯的写作系统 Dreamwriter 等。Dreamwriter 只需要不到 1 秒，便可以快速、准确、完美地完成写作任务。其写作的稿件几乎与人类的作品没有太大差别。目前，Dreamwriter 依托数据资源和物联网、交叉算法等技术，可以对体育赛事、新闻热点、市场行情等信息进行全方位监控和 24 小时自动播报，形成了高效互联的内容生产分发链条，帮助新闻媒体实现实时报道。

除了 Dreamwriter，"媒体大脑"也取得了非常不错的成绩。"媒体大脑"由新华智云科技有限公司自主研发，融合了云计算、物联网、大数据、人工智能等多项技术，能为媒体提供素材采集、编辑生产、分发传播、反馈监测等服务。

具体来说，"媒体大脑"拥有八大功能：

（1）通过摄像头、传感器、无人机等方式获取信息，自动采集新闻；

（2）自动识别语音并将其转化为文字，撰写稿件；

（3）从图片、视频中识别特定的人物或标识；

（4）监测新闻在全网 300 万个网站的传播情况，及时发现盗版违规、内容侵权等行为；

（5）根据用户的阅读偏好进行新闻分发；

（6）帮助媒体收集用户的特征和喜好，绘制用户画像；

（7）通过深度学习，与网友进行对话和互动；

（8）将文字转化为语音，通过智能家居、音响等途径向用户传播。

可以说，"媒体大脑"颠覆了新闻的制作和传播模式，将会在媒体领域乃至整个内容创作领域引领一场革命。未来，物联网将越来越多地被应用到内容创作领域，并逐渐成为内容创作领域的重要组成部分。技术虽然可以帮助我们生产内容，但短时间内不会取代我们的工作，只会成为我们的亲密伙伴，帮助我们更好、更高效率地完成任务。

5.3.2 预测性研究让未来不再"神秘"

微软的 Eric Horvitz 和以色列研究所的 Kira Radinsky 在物联网的帮助下，进行了大数据预测未来的研究活动。研究数据包括纽约时报 22 年的报纸、维基百科及其他 90 家网站资源。两位科学家希望通过自己的研究对阻止疾病暴发、社会暴乱及死亡产生帮助。目前，他们的研究成果论文《挖掘网络到预测未来》已经发表。文中提到了利用暴风雨、干旱等自然灾害数据预测安哥拉霍乱暴发的方法。通过对海量数据进行分析与处理，他们也得出可以提前一年预测霍乱暴发及蔓延的结论。

在此之前，CSDN 云计算频道就有相关报道称研究者们利用 Twitter 和 Facebook 收集到的数据去预测流感的暴发。在 2009 年美国甲型 H1N1 流感暴发时，Google 的工程师早在几周前就已经通过分析数据预测到大型流感即将到来，并在《自然》杂志上发表了相关文章。

Google 预测流感的方式不是分发口腔试纸或者通过医生检查，而是建立了一个物联网系统，专门收集与流感传播相关的数据。该物联网系统可以在每天收到的数十亿条搜索指令中将"哪些是治疗咳嗽和发热的药物"等特定检索词条收集起来，并将特定词条的频率使用频率与流感传播联系起来，及时判断流感传出的根源地。

Google 基于物联网和庞大数据库对未来做出了准确预测，即以一种特定方式，对海量数据进行分析，获得了极具价值的信息与远见。由此可见，物联网和大数据对预测未来具有非常重要的意义，这是一个有待人类开发的科学领域。

5.3.3 美国 UPS：全方位搜集可用信息

为了节省运输成本，提升工作效率，UPS（美国联合包裹运送服务公司）把物联网、大数据、人工智能等技术整合到多个业务领域。UPS 首席技术官 Juan Perez 曾经说："在 UPS，业务推动着技术发展，技术也让业务变得更好，二者相辅相成，互相成就。"

UPS 成立于 1907 年，到目前为止一直在积极拥抱技术，随着技术发展不断进行创新与变革。在技术的助力下，UPS 已经在全球超过 220 个国家和地区运营其物流网络。平均每天路上会出现 90000 多辆 UPS 汽车，工作人员处理多达 2000 万个包裹。在技术上，UPS 每年会投资超过 10 亿美元，用于优化服务、满足用户需求，实现包裹实时交付。

UPS 利用传感器和大数据进行数据分析，节省运输成本，减少运输过程对环境的影响。借助安装在汽车上的传感器，UPS 可以及时追踪油量行驶里程数，了解发动机状况，如图 5-4 所示。这些传感器帮助 UPS 有效控制有害燃料的消耗，避免汽车过长空闲时间。

图 5-4　内嵌传感器的 UPS 汽车

现在，技术为各领域的企业提供了很多不同的创新功能。例如，物联网可以用于连接设备，让设备与设备之间相互协作；大数据可以用于指导新产品研发，预测消费行为和未来趋势。毋庸置疑，技术正在改变经营方式，让用户享受量身打造的产品和服务。

应用篇

物联网数字化落地场景

·第 **6** 章·

智能家居：物联网与生活的"碰撞"

现在，物联网逐渐成为人们常常提及的新事物，这也使其从高冷的学术高阁迅速"坠落"到烟火缭绕的凡间。物联网研究者和相关企业在迅速加快物联网的商业落地，期望让人们的生活因为物联网而变得更精彩。

可以说，物联网影响着我们生活的方方面面，其在生活中的应用突出表现在智能家居领域。在物联网的助力下，智能家居将改变人们居家的行为方式，使人们的生活更智能，为人们打造一个更美好的明天。

6.1 亲密接触：感知智能家居

纵观物联网多年的发展历史，我们不难发现，物联网在逐渐平民化、商业化。早期，只有高科技人员才能接触物联网。现在物联网已经逐渐普及，开始与我们的生活挂钩，我们可以更近距离地享受物联网带来的成果。

身处物联网时代，美好的家居生活应该从智能家居系统开始。智能家居系统综合利用物联网、人工智能、云计算等先进技术，让家居生活更惬意、更舒适、更智能、更便捷。智能家居与普通家居相比，其优势如图 6-1 所示。

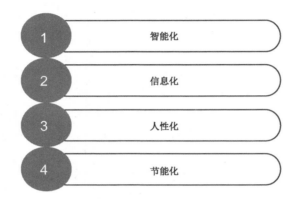

图 6-1　智能家居的四大优势

家居智能化指智能家居系统由静态变为动态，人们可以通过语言操作任何家居产品；家居信息化指任何家居产品都能够与互联网相连，搜索到外界的最新讯息；家居人性化则强调的是人的主观能动性，即人们可以借助各种联网设备操控房间内的物件；家居节能化是能够一键断电，例如，在休息时，房间内不需要使用的家居设备都会智能断电，而非处于睡眠模式。

智能家居最典型的产品非智能音箱莫属。世界上的第一款智能音箱 Echo 是由亚马逊研发的。亚马逊是"第一个吃螃蟹的人"，首创了智能语音交互系统，通过产品的更新迭代培养了大量的忠实用户，抓住了发展的先机。如今，亚马逊仍旧是智能音箱的领跑者。

智能音箱的关键在于我们能够通过语音操控它。智能音箱就相当于我们的生活助手。我们可以用生活化的语言给它们一些指令。例如，我们可以让它们进行网上订火车票、网上购物、网上叫外卖等操作。

在物联网时代，智能家居的发展仍有无限可能。智能音箱只是智能家居的一个缩影。未来，智能家居会更大程度地解放人力，更好地为我们服务，而以智能音箱为代表的智能家居产品也会变身一个善解人意的"保姆"，智能、理性地优化我们的生活。

6.1.2 物联网"升级"智能家居

物联网的发展使家居系统的智能化和自动化程度不断加深，各设备之间可以联系得更紧密，数据交换也更及时。此外，当一些与物联网息息相关的技术与智能家居融合后，家居系统和设备会出现一定程度上的升级，具体可以从以下四个方面进行说明。

（1）云计算。智能家居具有设备网络化、信息化、自动化及全方位交互的特点，可以产生大量数据。而云计算融合物联网可以让设备有超强的学习能力及适应能力，及时对数据进行有效分析，并将最佳结果在设备上体现，提升智能家居的数字化程度。

（2）虚拟现实。虚拟现实（VR）是依托物联网而发展的，它可以模拟产生虚拟世界，使用户如身临其境般感受视觉、听觉、触觉等方面的美妙体验。未来，用户可以通过 VR 设备更真实地感受智能家居的不同应用场景。VR 设备也可以根据用户的生活习惯，为其提供智能家居带来的个性化服务，使用户的体验感大大加强。

（3）增强现实。增强现实（AR）也会推动智能家居的发展，日本村田制作所就演示过微型传感器的交互技术提供的 AR 设备控制智能家居的方案。用户戴上 AR 眼镜，将视线对准自己想要控制的智能设备，等光标定位成功后，用户就可以控制智能设备。

（4）传感器。传感器可以实现"感知+控制"，目前该技术被广泛应用于智能家居领域，以提高其准确性和效率。传感器相当于智能家居的"神经"，可以实时收集数据，并反馈到物联网系统中，帮助智能设备实现"感知+思考+执行"的功能。

云计算、虚拟现实、增强现实、传感器等技术与物联网融合将使智能家居不断"升级"，这些技术可以为智能家居的发展提供重要保障，使智能家居的感知能力、思考能力、执行能力变得更强大，从而推动智能家居在生活中的落地应用。

6.1.3　5G为智能家居注入新活力

智能家居目前已经受到了非常广泛的关注。亚马逊、百度等巨头都纷纷进军该领域，积极研发智能家居设备。这让更多企业看到了该领域蕴含的巨大商机。但智能家居并不是十全十美的，传感器标准问题是影响其发展的阻力之一。

智能家居需要通过物联网的传感器运行，但不同商家的传感器通常有不同的运行标准。这就使各品牌的产品无法与其他品牌的智能系统相连，久而久之，企业之间也难以形成规模化的沟通与协作，"孤岛现象"越来越严重。在这种情况下，企业处于封闭状态，不利于智能家居的发展。5G的出现解决了传感器标准问题。因为5G拥有由国际权威机构制定的标准，可以改善企业独立设置标准的现状，推动传感器标准的统一。

在统一网络、统一传感器标准的支持下，企业可以加强彼此之间的交流与合作，打破此前的"孤岛现象"。这样不仅有利于用户生活的便捷，更有助于智能家居的生产，拓展生产链、创造更大价值，优化用户对智能家居的使用体验。

智能设备大多通过不同的方式进行信息交换与传输，这在一定程度上增加了智能设备处理信息的时间，从而影响了用户对智能家居的使用体验。目前智能家居尚未做到独立的人机交互，要想使其听从用户的指挥，还需要网关转化。网关是一种网间连接器，一般作为翻译器存在于两种不同的系统之间，使其可以共联，进行信息共享。

当 5G 应用于智能家居后，传感器有了统一的标准，从而使更多智能设备可以相互连接。与此同时，设备与设备之间的信息共享也转化为设备与设备、设备与用户之间的信息共享。智能家居的数字化程度会因此而不断加深，推动智能设备实现精准"感知"。

6.2 智能家居产品离不开物联网

早在 2014 年，智能家居就出现在我们的视野中，逐渐引起社会的广泛关注。随着物联网的不断升级，智能家居的发展速度也越来越快，并出现了很多受欢迎的产品，如智能门锁、家用无人机、智能音箱、智能玩具等。

6.2.1 语音交互系统：智能家居的突破口

从本质上来讲，智能家居的突破口在于智能语音交互系统的发展与应用。该系统以物联网、人工智能、大数据等技术为依托。图 6-2 为我们展示了基于语音交互系统的智能家居模型。

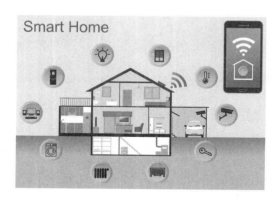

图 6-2 基于语音交互系统的智能家居模型

如果没有语音交互技术的进步，那么智能家居可能就不会如此火热。其实，之前我们也拥有过智能家居产品。例如，用智能手机控制电视、控制电脑等。但这样的产品还是基于"触屏"的交互——只有具备相关知识、会操作的人才懂得如何运用，是不具有很强的普适性的。

当语音交互技术诞生后，任何人都可以通过语音操纵家里的家居产品。例如，我们可以对智能音箱讲"把我的电脑打开"，它就能迅速打开电脑；当我们对它讲"打开空调，订一份外卖"，它也能够智能化地完成；当我们对它讲"拉开窗帘，让屋内的光达到最适宜的效果"，它也能够合理分析，准确地做出响应。

但是，我们不得不承认，如今的语音交互技术还没有十分成熟。我们的汉语语言总是存在着方言，或者存在一句话有多种意思的情况。有时，如果我们对智能音箱讲一句方言或者俗语，那么它也许就会不知所措了。我们对此也无须太过担忧，随着技术的不断进步和科学生态体系的逐渐完善，真正的智能家居产品一定会出现在我们的视野中，为我们的生活服务。

综上，目前语音交互技术的发展，为智能家居提供了一个美好的"入口"。未来，物联网、人工智能的进步会为智能家居的发展注入更多活力。我们的语音交互技术以及人脸识别技术将会进一步完善，逐渐应用于我们的智能家居产品。同时，更多消费者会慕名前来体验智能家居产品，这样在各项技术的指引下，智能家居将有更广阔的发展前景。

6.2.2 智能门锁：维护安全的屏障

在智能家居领域，与智能音箱相同，智能门锁也被广泛应用，如图 6-3 所示。智能门锁借助物联网能够实现用户、计算机以及算法系统之间的无缝连接。这样的无缝连接可以让智能门锁具有一定的知识储备及判断能力。在此基础上，智能门锁能够通过自主学习提高自己的"智力"水平，从而为我们提供更智能化、自动化的服务。

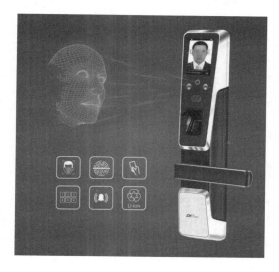

图 6-3 智能门锁

另外，通过大数据的发展和云计算算法的提升，智能门锁可以对我们的开锁习惯以及具体使用习惯进行综合分析和系统学习。此外，智能门锁还可以将数据和信息转化为独有的机器思维方式，进行更科学的思考，最终为我们提供更人性化的使用体验。

智能门锁其实像一个忠实的朋友和观察人员，能够清晰地记录我们早出晚归的时间，能够认得我们的每一个家人，能够根据我们及家人的使用习惯提供更个性化的服务。例如，假设你作为家庭"主心骨"外出工作了，妻子也外出工作了，只有 3 岁的儿子在家，而他又比较调皮，总是爬阳台、在窗户边玩闹。此时，智能门锁的视觉监控系统就会格外关注孩子的情况，一旦发生意外，它会立即报警或者给你打电话。

现在，智能门锁由于具有科技含量高、智能化、方便的特点，深受人们的喜爱，正以蓬勃的姿态向智能家居领域进军。相信在不久的未来，智能门锁将全面取代传统机械门锁。当然，智能门锁也存在着一些缺陷，如刷脸失败或者误刷等。

但是，我们不应该因为智能门锁有缺陷而停止探索，而应该继续保持创新的激情与热度，以匠人精神深入打磨每一件产品，让人们的生活因为技术进步而更加安全。企业要以人为本进行产品研究，让智能家居更好地为人们服务，形成一个科学、安全的家居环境。

6.2.3 家用无人机：生活中的得力小助手

随着物联网的发展、语音交互技术的提升与语义理解能力的增强，家用无人机迅速崛起，开始进入千家万户。例如，它可以摇身一变，成为高效的快递小哥，为我们提供更高效的快递服务；当我们需要外出拿东西时，只要知会它，它就会为我们"跑腿"。

这些不仅仅是美好的想象。家用无人机研发人员只要想方设法突破以下三个瓶颈，如图6-4所示，就能够让这些美好的想象成为现实。

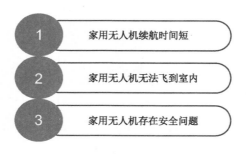

图6-4 家用无人机发展的三个瓶颈

家用无人机续航时间短一直受到人们的诟病。其实这不是很大的问题。随着物联网、人工智能的进步与升级，家用无人机内部的各系统可以更好地连接，规划出最佳飞行路线。同时，科学家也会采用最新的能源解决续航短的问题。

家用无人机无法飞到室内的问题可以通过两种方法进行处理。第一种是选择人工配送的方式，在智能系统的支撑下，家用无人机将包裹传到离家最近的小区。然后，快递员以最快的速度送货上门；第二种是直接通过窗口将快递送入家中，这就需要我们在自家的窗口安装自动收货平台。这样我们就能够以最低的成本，享受最快捷的送货服务。

家用无人机存在安全问题主要体现在两个方面：一是电池枯竭，导致飞行中途坠落；二是部分不法分子恶意劫持包裹，造成利益损失。针对第一个问题，企业可以通过开发新能源、备用电池等方式解决，或者在室内无人机上设置迫降系统。针对第二个问题，企业可以利用智能导航技术对无人机进行实时跟踪。一旦发现恶意劫持包裹的人，监察人员会立即联系距离无人机最近的警方，从而更好地保证货物的安全。

6.2.4 智能音箱："开口即做事"的魅力

前面提到的智能音箱 Echo 是国外的代表性产品，天猫精灵则是我国的代表性产品。在我国，天猫精灵以 99 元的较低价格销售，成功打开智能音箱的消费市场。该产品出现的第一年，其交易量就已经突破百万，打破了我国智能音箱的销售记录。

在智能家居领域，天猫精灵无疑是一台为家庭设计的智能型机器人。它虽然外表娇小玲珑，但有一个智慧的"头脑"，能够听懂我们的语言并与我们进行简单的交流。它也会根据我们的指令完成相应的任务，完美地控制家居产品。

在联网状态下，智能音箱会告诉我们一切都已就绪，随时听从吩咐。这时，我们只需轻轻呼唤"天猫精灵"，它就能够成功与我们对话。只要我们有需求（能够实现的需求，不是不切实际的幻想），只要我们说出来，它就能够帮助我们很好地完成。

例如，当你对天猫精灵说，"帮我买一双性价比高的球鞋"，它就会自动上网（无缝对接天猫与淘宝）搜索人气高、销量好的商品，然后你只需要再确认一下商品是否符合你的需求。当然，你也可以让它帮你充话费、叫外卖；让它给孩子讲童话故事；在孩子入睡前，让它给孩子播放摇篮曲。

更强大的是，天猫精灵还能够控制家居产品。例如，当你告诉它，将室内空调的温度调到 28 度，它就会相应地、智能化地完成你的任务。同时，它还拥有更智能的声纹识别能力，即它能够根据声波辨别每一个人的声音，从而识别产品使用者是谁。

综上，天猫精灵之所以成为我国智能音箱领域的翘楚，与其强大的物联网体系与智能系统、相对低廉的价格、科技感与时尚感并存的高颜值密不可分。未来，智能音箱如果要进一步拓展市场，就必须做到"有颜、有技、价格更低廉"。

6.2.5 智能玩具：打造儿童游戏新乐趣

目前，虽然物联网尚未成熟，但其要想实现商业落地，智能玩具就是一个不错的方向。正如好奇心是众多科学家研发物联网的重要动力之一，儿童的好奇心同样可以成为物联网实现商业落地并且快速变现的关键点。

如果我们在某电商平台上搜索"玩具"这个关键词，那么可以得到成千上万个产品。价格上至几万元，下至几十元，功能与模样各有不同。由此我们可以看出，玩具的种类和数量都很多，同质化竞争激烈。然而，如果是能聊天的玩具，是不是就让人倍感兴趣了呢？例如，托马斯智能火车就是一款能聊天的玩具，它能够使用纯正的中文和英文讲述不同版本的托马斯故事，同时还可以演唱多首好听的儿歌，让儿童在玩耍过程中还能学习到知识。

不仅如此，在物联网的支持下，托马斯智能火车还可以与手机等设备连接在一起。例如，只要我们使用手机关注托马斯智能火车的微信公众号并绑定自己购买的托马斯智能火车，就随时可以通过玩具与关注者进行微信语音对话。

能聊天的玩具已经足够新奇，但是如果这款玩具还可以思考，是不是更能引起家长的购买欲？托马斯智能火车具备人机互动的特点，让其在众多优秀产品中脱颖而出。其团队在物联网和人机互动方面下了很大功夫，让托马斯智能火车获得了更多智能化功能。

升级版托马斯智能火车不仅能实现讲故事、唱歌、聊天等基础功能，还具备更高层次的交流功能。例如，当使用者对该产品说"过来"时，该产品就会自动开到使用者面前。这是物联网在玩具领域实现商业落地的开始，但绝对不是终点。

6.3 资本涌入智能家居领域

在技术的推动下，在商界大咖、行业巨头的关注下，智能家居市场将会得到前所未有的发展。未来，在智能家居领域，物联网的进步有望推动其进一步发展，让更多人体验到智能家居提供的人性化、便捷化的服务。

6.3.1 物联网与智能家居面临"阵痛期"

智能家居产品作为物联网时代的新兴事物，与其他普通产品相比具有不同的特性。但是，物联网概念的提出距今已经很多年了，目前仍然没有从根本上实现商业落地，主要原因之一就是其没能走进普通消费者的生活。一些企业对物联网的宣传可谓煞费苦心，但消费者对该技术及其智能家居产品的认知度往往只停留在表面，没有明确的概念。

物联网如果没有走进普通消费者的生活，那么其发展空间就会缩小很多。话题热度再高，也还是很容易变成泡沫。因此，根据智能家居产品的特性，我们总结了物联网难以走进普通消费者的生活的三个原因，如图 6-5 所示。

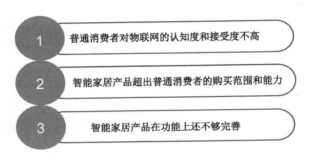

图 6-5　物联网难以走进普通消费者的生活的三个原因

1．普通消费者对物联网的认知度和接受度不高

咨询机构 Weber Shandwick 曾经发布过一份调查报告，该报告显示，消费者对物联网的认知度和接受度并不高。例如，有些消费者说："在家里放一个能听懂所有对话的产品，对于我来说还是有点害怕。"此外，一些消费者还表示，自己的家人或者朋友也没有想过购买基于物联网的智能家居产品。

由此可见，在接受程度上，物联网还没有获得广大消费者的普遍认可。不过，虽然只有少数消费者认可物联网及其智能家居产品，但如果企业能够为消费者提供更优质的服务体验，那么消费者对物联网及其智能家居产品的认识会更深入，接受程度也会随之提高。

2．智能家居产品超出普通消费者的购买范围和能力

智能家居产品面临着尴尬处境，其实与其价格居高不下、使用范围窄等因素有着一定的联系。就目前的市场来说，基于物联网的智能家居产品面向的主要群体还是高端消费者，大部分应用也集中于各大企业。

与此同时，鉴于研发智能家居产品的成本较高，其价格远远超出了大多数消费者的购买能力。因此，智能家居产品对于普通消费者来说仍然难以触及。智能家居产品想要被消费者普遍接受，价格平民化是必不可缺的条件，这需要企业付出很大努力。

3. 智能家居产品在功能上还不够完善

任何产品想要得到消费者的认可，其功能必须符合消费者的需求。同理，智能家居产品要根据消费者的真正需求进行设计，为消费者提供完善的服务。但就目前市场上的产品而言，大家会发现有些产品的功能强大得令人惊叹，但其中的很大一部分功能都华而不实。

事实上，虽然智能家居产品能够给消费者带来很多便利，但对于消费者而言，比较实用的功能才更重要。总之，对智能家居产品有需求的消费者通常还是会优先考虑其实用性，这是很多企业目前不能提供给消费者的，在一定程度上影响了物联网的发展。

6.3.2 抓住智能家居背后的蓝海市场

虽然智能家居产品因为诸多原因目前很难走进普通消费者的生活，但不可否认的是，其价值不可替代，发展前景广阔，甚至具备着影响时代的力量。例如，前面提到的亚马逊的 Echo、阿里巴巴的天猫精灵都已经成了爆款产品，其存在也成了智能家居领域不可或缺的一部分。直到现在，智能家居领域依然保持高速发展。

可以预见的是，未来，基于物联网的智能家居产品会有更广阔的消费市场。虽然智能家居目前尚处于蓝海阶段，但随着时代的进步，它必然会步入红海。企业在蓝海阶段迅速抢占市场先机，才有可能在以后的发展中风生水起。

企业抓住蓝海阶段的诀窍如图 6-6 所示。

图 6-6　抓住智能家居蓝海阶段的三个诀窍

1．研发专利技术，打造完美体验，实现长期盈利

从本质上来讲，智能家居的关键点是物联网、人工智能等技术的发展与应用。如果没有技术进步，那么智能家居可能就不会如此火热。现在，很多企业打着"智能""互联"的口号，生产的却是"非智能"产品。这些企业往往只会进行技术宣传，而缺乏真正的技术实力。另外，一些智能家居产品的使用范围比较窄，也会导致市场接受度不高。

对于目前存在的问题，企业需要通过研发更先进的技术去努力解决，为消费者打造更良好的服务体验。这样智能家居产品才会受到更多消费者的喜爱，智能家居领域自然也会更火爆。

2．制造爆品必须完善产业链

未来，企业会更加注重产业链的完善，因为只有这样，才会让自己有更强的竞争力。智能家居的产业链涉及面比较广，如上游的芯片制作、软件制作；中下游的平台提供商、服务提供商等。要想生产好的智能家居产品，就必须结合上中下游的名誉厂家，做到强强联合，才可以使其拥有更高的性价比，更受广大消费者欢迎。

3. 注重产品质量，打造安全智能家居产品

安全问题必须得到高度重视。许多企业把智能家居产品不盈利的原因归结为时机未到，而不会考虑其质量。如果企业在安全方面没有强有力的保障，那么消费者必然不会接受。例如，三星NOTE 7曾经发生过爆炸。三星作为智能手机的高端品牌与龙头品牌，因为这样的事件遭到消费者的强烈不满。这就给企业一个启示：即使你的影响力很强、知名度很高，如果不重视质量和安全问题，也一样会被消费者抛弃。

智能家居产品的设计更应该注重安全问题，特别是人身安全和财产安全。例如，智能门锁的设计要有唯一的针对性，即必须本人刷脸，才能打开。如果一个陌生人盗用你的照片，把你的智能门锁打开，那么这个智能门锁就是不够安全的。

综上所述，技术、产业链、质量和安全问题是企业在入驻智能家居领域必须重视的关键点。未来，在物联网、人工智能、大数据等技术的带动下，智能家居领域会获得更好的发展，智能家居产品也会被广大消费者接受和购买。

6.3.3 位于豪斯登堡的"奇怪酒店"

在物联网时代，随时都有可能见证奇迹，随处都有可能发生奇妙的事。例如，位于日本长崎县的豪斯登堡就有一家"奇怪酒店"。之所以被称为"奇怪酒店"，是因为这里的服务员很奇怪。在日本，由于人工成本高，企业竞相通过机器人替代人工劳动，从而节省人力成本。随着物联网时代的到来，技术不断进步，机器人服务成为现实。

位于豪斯登堡的"奇怪酒店"总是不按照常理出牌，店内充斥着风格各异的

机器人服务员。例如，仅前台咨询服务员就有三种不同的风格。第一位机器人名为 NAO，主要负责订餐信息汇总；第二位机器人是符合标准亚洲审美的女机器人，名为梦子，主要负责日语方面的咨询服务；第三位机器人是恐龙机器人，目前还没有一个确定的名字（暂且称其为"恐龙先生"），主要提供英文方面的咨询服务。

在机器人服务员的卖点下，来这家"奇怪酒店"住宿的外国客人也络绎不绝。据说，"恐龙先生"目前已经可以提供韩语方面的咨询服务。尽管从整体上来看，这些机器人服务员只具备一些简单的语言交互能力，但也基本上能够满足客人的基本需求。

"奇怪酒店"的机器人服务员还有很多。例如，有主动为客人拿行李的机器人，有专门在房间接待客人的机器人。在房间接待客人的机器人虽然迷你，但设计精巧，功能更强大。它不仅能够为客人端茶倒水，还能够操控空调，自动调节室内的温度，使客人感觉最适宜。另外，当客人休息时，它也会"哼唱"一些有助于睡眠的歌曲。

因为"奇怪酒店"的机器人服务员种类众多，功能也是多元化的，所以入住的客人也特别多。同时，该酒店提供的个性化服务使其费用也比其他酒店高很多。总之，在技术当道的时代，用机器人服务员的"奇怪酒店"真的是当之无愧的"香饽饽"。

机器人提供服务曾经是科幻电影中的场景，如今随着物联网、人工智能的发展，该场景已经逐渐进入我们的生活领域。相信随着各项技术的发展与进步，机器人服务员会有更强大的语言交互能力和动手实践能力，能够为我们提供更完善、贴心的服务。

·第 7 章·

智慧物流：基于物联网的物流系统

由于运输需求广泛，各类物流企业不断建立属于自己的物流系统。它们其中的一部分可能规模小、资金少、运营模式相对落后。这阻碍了物流标准的统一，甚至会给物流行业的发展带来危机。物联网的出现使得各领域的新技术、新应用不断出现，各类建立在新技术基础之上研发的智能型机器、软件、系统等解决了物流行业的很多问题，推动物流行业高速发展。

7.1 背景概述：智慧物流缘何火爆

当今社会，人们的生活离不开网购，而伴随网购兴起的便是物流业。优质的物流不仅可以保障产品的安全，还能加快消费者收到产品的速度，提升消费者的购物体验。物联网不断发展，物流行业也需要不断改善自身现状，二者相互结合，构成了新时代的智慧物流。

7.1.1 物流系统面临的挑战

传统物流的四个环节包括：包装、运输、装卸和仓储。这些环节效率低，人力成本高，且信息化程度低。在传统物流体系中，往往一个环节出现问题，整体的物流流程都会受到影响，不仅影响消费者的购物满意度，也增加了物流成本。

传统物流存在的问题主要表现在以下四个方面，如图 7-1 所示。

图 7-1　传统物流存在的问题

1．物流体系反应慢

物流流程中的各部门都以自己的利益为先，这使得各部门之间不能很好地协作，降低了整个体系的运作速度，增加了运营成本。例如，某服装品牌的产品供应商和销售商之间没有进行良好沟通，库存信息没有及时共享，造成了供应商的仓库里积压了大量产品，一些销售商却出现产品断货的问题。这不仅增加了供应商的库存成本，还影响了销售商的销售。

2．物流订单处理慢

在物流流程中，订单的处理速度会直接影响产品的打包、运输、交货效率。传统物流从订单处理到发货一般用时 1 到 2 天。根据产品的生产性质、运输地点、交货方式的不同，所需时间可能还会更长。

3. 物流规划布局不合理

传统物流体系的地域问题也十分严重。每个地区都希望成为物流中心，导致各地区之间的割据现象严重，综合性管理能力不高，资源浪费严重，影响整体发展。

4. 物流配送模式不佳

我国的物流配送模式较粗放，目前有很多企业都建立了自己的物流体系，但大部分企业规模小，服务质量也难以保证。

以上物流体系中存在的弊端会影响到打包、运输、装卸、仓储的各环节，使得环节与环节之间的衔接不通畅，最终会影响物流体系的效率。

7.1.2 智慧物流的三大特点

智慧物流依托物联网、人工智能、5G、大数据等技术而发展，是技术与物流行业的融合。无论是物流系统的智慧感知能力、规整能力还是自动修复能力，都体现了智慧物流对技术的高效应用。智慧物流还拥有以下三个特点，如图 7-2 所示。

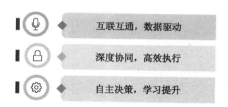

图 7-2　智慧物流的三个特点

1. 互联互通，数据驱动

所有物流环节都可以实现互联互通，并且全部进行数字化管理。物流流程信息可实时获得，物流系统以数据信息为驱动，有效提升了物流体系的效率。

2. 深度协同，高效执行

物流系统和企业深度协同，全程实现算法优化布局，将整个物流行业连成一个整体，提高各系统之间的分工协作能力。

3. 自主决策，学习提升

物流系统拥有自主学习能力。通过物联网、大数据、人工智能构建物流系统的"智慧大脑"，使物流系统在学习过程中不断提高执行能力和系统优化能力。

总之，智慧物流具有高效的自主学习能力，并且能够实现信息联动，有效提升物流系统的调度与协作水平，优化整体布局。

7.1.3 物联网时代，物流迎来质变

在物流领域，物流成本高、资源利用率低、快递闲置时间长、货车空载率高等问题会影响用户的使用体验。物联网与物流领域融合，将会加快产品流通速度，为物流系统的发展带来质变。物联网对物流领域的影响主要体现在以下三个方面，如图 7-3 所示。

图 7-3　物联网影响物流领域的三个方面

1. 优化仓库选址

借助物联网、大数据及云计算分析平台，企业能够根据现实环境，获得最优

的仓库选址方案。仓库选址的现实环境很复杂，需要考虑如用户的位置、供应商与生产商的位置、运输的便捷性、劳动力与建筑的成本以及税收制度等方面的问题。如果这些都需要人来参与，则会付出大量的时间成本与精力成本。物联网的注入会使选址更精准，进一步降低企业的物流成本，提高利润。

2．优化库存管理

库存管理非常重视历史数据的分析，也非常注重通过动态调整的方法优化库存，最终达到存货有序、用户满意度提升、减少因为盲目生产而导致的浪费。物联网能够进一步缩短用户等待包裹的时间，令物流配送更高效。

3．优化物流运输

优化物流运输离不开智能设备的应用。例如，分拣机器人的应用能够大幅提升物流系统的效率，进一步降低物流行业对人力资源的依赖；无人驾驶技术的应用能够使未来的物流运输更快捷、更高效；智能监控设备的应用能够实时跟踪交通信息，根据路况，调整优化运输路径，提高物流配送的精度；物联网投递系统的应用能够进一步减少包装物的使用，使物流运输更环保。

7.2 物联网在智慧物流中的作用

物流行业是伴随着电子商务而崛起的行业。随着市场需求增加，各物流企业的规模也在不断扩大，物流行业面临的问题也越来越多。这些问题给消费者带来不良的购物体验，甚至会引起纠纷。要想解决这些问题，物流行业需要与物联网融合，进一步优化物流流程。

7.2.1 无人化配送，势不可挡

配送是物流流程中的一个重要环节。将物联网充分应用于物流的配送环节，可以节省人力成本，提高工作效率，改善消费者的网购体验。目前，配送机器人已经在一些试点城市投放，未来会进行全面普及。

融合了物联网、人工智能、大数据等技术的配送机器人可以承受 200 斤左右的重量，还可以根据收货人的地址和具体环境自动规划出一条适合的配送线路。当机器人距离目的地较近时，机器人会向收货人发送一条信息，信息中包含机器人到达的时间与地点，通知收货人前来取件。若收货人不太方便取件，可以通过指定的 App 进行反馈，此时机器人会为收货人规划下一次配送时间。当机器人到达目的地时，它会向收货人发送取件码，收货人可以通过取件码领取快递。

机器人在配送过程中是相对稳定与安全的。它的身上安装着传感器，可以全面感知周围的环境，自动躲避障碍物。此外，机器人自带的增减速切换功能也十分灵敏，不会对人们的出行带来阻碍。为了让机器人用最快的速度熟悉周围的环境，研发人员将这部分内容制作成了数字地图，并导入机器人体内。而且，每天工作任务结束后，机器人会自动前往指定地点进行充电和检查，为第二天的正常工作提供保障。

早期，这种机器人运用激光感应模式，后来进行完善后开始采用视觉感应。但是，当面对一些恶劣的天气时，机器人依旧存在配送问题，这个问题随着后期的技术研发将会不断改善。目前机器人已经发展到第三代，不仅配送地点不断增多，工作时间不断增长，工作环境也从半封闭发展到开放环境状态。

对于一些规格较大的产品，或者易燃易爆类产品、海鲜类产品，依旧需要人

工进行配送。相信经过后期的不断研发与改进，机器人能够适用于更多种类产品的配送，并且得到全面普及。目前每台机器人的价格在几万元左右，但其可以长期使用，节约了物流企业的人力成本。

随着技术的不断发展，机器人已经应用于生活与工作的很多方面，物流领域只是其中之一。它可以运作于物流流程的各环节，提高了物流工作的效率，降低了物流成本。未来，各项技术会越来越成熟，将这些技术应用于物流领域，能够催生快速、便捷的网络购物新模式。

7.2.2 线路可视化：运输计划更精准

物联网在物流领域的应用能够帮助企业优化运输路线、合理安排日程。例如，将物联网应用于集装箱的运输，智能系统能够记录和存储集装箱的相关信息，通过数据分析自动设计集装箱的运输路线和日程安排，还能根据数据变化情况优化运输路线，提高运输效率。

在物联网的支持下，集装箱的运输数据都被存储在智能系统中，集装箱的运输路线和日常操作不再需要人参与。消费者能够从货物打包、发货等环节就开始跟踪物流信息，直到收到快递。在运输过程中，工作人员还可以根据运输情况及时修改运输日程。

物联网不仅优化了集装箱的运输问题，对于城市的快递业务也有着巨大的推动作用。物联网应用于物流领域，在优化运输路线和日程安排方面遵循以下三个原则，如图7-4所示。

1. 适用性原则

物联网应用于物流领域，首先需要符合适用性原则。技术应用是为了解决物流领域的现存问题，提高其效率，最终目的是盈利。企业需要根据实际需求，研发合适的设备。例如，配送机器人的研发就是建立在物流领域对"最后一公里"配送业务的需求之上的。它不但节省了人力成本，还提高了工作效率，是适用性原则的体现。

适用性原则　　　系统性原则　　　节能降耗原则

图 7-4　物联网应用于物流领域的三个原则

2．系统性原则

现代物流的核心在于系统性，这体现在物流设备与技术的系统协作方式上。物联网的融入就是要用系统的方法改善物流设备的问题，优化物流业务的系统，提高物流业务的综合性效益。这需要通过物联网让设备之间相互连接与协调，使设备与整个系统之间相互匹配，并在此基础上进行精准分析与设计，保证整个物流流程的效率。

3．节能降耗原则

物联网应用于物流领域，还需要考虑环保因素。因此，在运用物联网优化运输路线时，企业应该注重保护环境，在新的运输模式中将节能降耗与环境保护结合在一起。值得注意的是，某些设备存在采购成本低、维护成本高的情况。从综合性角度考虑，这并不符合节能降耗原则。因此，企业需要避免购置过多维护成本高的设备。

综上所述，物联网的应用需要符合物流业务的各项原则，这样才能降低人力成本，提高工作效率，增加企业收益。物联网在物流领域的应用，充分保障了快递运输路线的优化、快递配送日程安排的合理性，提高了企业的服务水平。

7.2.3 "5G+物联网"实现即时追踪与交付

传统物流在产品包装、货物运输、集装箱装卸、仓储管理等环节都以人工操作为主，这种方式需要耗费较高的人力成本，而且工作效率不高，产品信息化程度低。5G 与物联网的应用为企业提供了技术支持，很好地解决了这些问题。

5G 具有较高速率、大带宽、大容量、低时延等特点，其在物流领域发挥了重大价值，使物流流程的各环节产生巨大变革。物联网则可以将各环节相连，促进各环节的沟通与协作。目前，在 5G 和物联网的支持下，物流新模式引领着物流领域的发展。物流流程的各环节都在这种模式的指导下得到有效优化，尤其在追踪与交付方面，如图 7-5 所示。

图 7-5　物流环节的改善

1．实时追踪

在当今社会，智能机器人逐渐普及。但是，成本与资源等问题使得该市场的增长十分缓慢。5G 与物联网的应用将大大改善这种现象。5G 与物联网的普及将在降低成本与能源消耗的基础上使智能机器人的使用范围更广泛，物流流程更加优化。例如，5G 与物联网实现了物流系统对快递的实时定位与运输跟踪，使消费者能随时查询快递状态，提升了运输的安全性。

2. 及时交付

5G 与物联网的应用可以有效地解决配送时效问题。机器人配备的传感器可以在配送快递的过程中全方位观察周围环境，将快递快速地送到消费者手中，并且将采集到的数据上传到物流系统中。这样既提高了快递的配送速度，又节约了人力成本。

5G 与物联网在我国的应用还处于初级阶段，大型物流企业还是更多地依赖国外生产的智能机器人。但在 5G 与物联网的支持下，相信会有更多国产智能机器人产生，为用户提供更优质的服务，加速智慧物流的发展。

例如，科技企业迅蚁的无人机小范围试点了无人机外送星巴克、肯德基的外卖。杭州移动公司为无人机提供了基于 5G 和物联网的设备，为无人化物流提供通信保障。无人机除了可以配送外卖外，还能实时传送飞行的高清画面，使工作人员能够实时监控飞行。

无人机的导航技术也不再依赖于 GPS 定位。全方位 360 度无死角的观察模式，可以使无人机的机器视觉变得更方便。抗干扰性能使其顺畅地穿梭在高楼林立、电磁波复杂的城市之中，并长时间地维持正常飞行。

目前，物流领域的快递追踪具有延时性，各环节之间也存在着信息不通畅的情况，但消费者对物流服务的要求却随着经济的发展与消费模式的转变而日益增长。因此，实现实时定位与查询管理是物流领域亟待解决的问题。

5G 使网络深度覆盖，在降低成本、减少资源消耗的基础上实现了对快递的可视性追踪。物联网帮助工作人员在快递运输过程中实时追踪信息，了解快递的位置与状态，并且实现了快递的实时交付，使各环节之间无缝连接。这些都提升了物流领域的服务水平，给消费者带来了更优质的快递体验。

7.3 物联网为智慧物流带来"生意"

为了更好地改善消费者的消费模式，提升网购体验，物联网被应用于物流行业。物联网针对物流流程中的重要环节进行了创新与变革，致力于打造物流环节的商业闭环，制定完善的一体化解决方案。在这个方面，蒙牛是一个不得不提的经典案例。

7.3.1 打造物流环节的商业闭环

新零售在不断发展，各项技术纷纷融入物流领域，企业需要将供应商、门店、销售渠道、仓库等链条上的各环节进行集成和协同，打造完善的商业闭环。其主要目的是以更快的速度将消费者需要的产品送到他们手中，从而实现服务水平的提升以及物流成本的降低。

在打造商业闭环方面，盒马鲜生做得非常不错。每天下午 4 点，盒马鲜生首先会根据销售数据和其他因素，把第二天的销售计划发送到合作农场基地，然后再按照计划完成采摘、包装、冷链运输等环节，将产品送到线下门店。

经过上述环节，蔬菜、水果和肉类等被包装成袋装或者盒装的产品，明码标价，消费者可以拿起就走。另外，当天，如果有销售剩余的产品，盒马鲜生会通过餐饮生熟联动的链条将其加工后出售。这种模式不但可以免去每单 30 元的派送成本，而且也在很大程度上减少食材的损耗，提升了盒马鲜生的毛利润率。

在创始人胡毅的精心打磨下，盒马鲜生的物流供应链是精致而柔性化的。这样的供应链不仅实现了配送精准、成本低，而且还为农民带去了实实在在的利益。在盒马鲜生的指导下，农民可以规模化种植，有计划地将产品销售出去。未来，盒马鲜生会做到一家农场只供应一个品种的蔬菜，这样农场完全是工业化生产的状态。盒马鲜生还会帮助农民制订种植标准，提出对土地、无公害、水资源等方面的要求，从而帮助农民种植出质量更好的产品。

在盒马鲜生推出的"日日鲜"肉食产品上，强大的商业闭环也在逐渐形成。该项目是盒马鲜生和中粮集团合作的，双方的计划性都很强，并且采用了倒推的、精确的链路设计，把屠宰场设在江苏。借助大数据、物联网等技术，盒马鲜生可以计算出产品从江苏屠宰场出发的时间、产品到达线下门店的时间等信息。这些信息是双方完全共享的。

在盒马鲜生的设计中，数据思维和物联网思维随处可见。例如，盒马鲜生精准地计算出在 3 公里的半径范围内，向 20 万个家庭、大约 80～100 万人，采取 10 分钟的配货时间、20 分钟的配送时间，最终 30 分钟向消费者交付产品。这些数据充分显示出盒马鲜生在选址和配送方面的计划性，可以说非常缜密。

物流领域需要为消费者提供真正有意义的产品和更优质的服务。盒马鲜生通过技术对供应链进行深度重构，与基地、农民建立双赢的渠道以及订单生产，全程冷链保证产品质量，同时也把价格做到行业较低水平。这样不仅可以减少产品浪费，还可以提升产品安全性。

7.3.2 智慧冷链：一体化冷链解决方案

冷链运输讲究的是"鲜"，即让产品在更短的时间内以更新鲜的状态从原产地到达消费者手中，这个过程对于冷链体系来说是非常严峻的考验。处于冷链环节的企业应该在运输上做好人员、车辆、线路管理等方面的准备，而物联网则可以为企业提供技术支持。

永辉是一家以销售生鲜食品为主的超市，在零售渠道、供应链管理、消费服务、技术引进等方面都有非常明显的优势；草根知本以"优选全球、健康中国、美味食品、便利生活"为目标，拥有冷链、调味品、乳业、营养保健品、宠物食品五大产业板块，积极将技术与物流系统融合。二者达成合作可以更大限度地发挥各自优势，形成互补关系。

目前借助物联网、大数据、云计算、人工智能等技术，永辉已经推出了"云超、云创、云商、云金、云计算"五大板块，在这五大板块中，以云创、云商为主的业务集群是其提高业态革新能力的重要标志。其中，"云创"旗下主要包括"超级物种"、永辉会员店、永辉生活 App 等；"云商"则包括全球贸易、数据、智慧物流三个方面。

此外，对于永辉来说，"彩食鲜"项目也有非常重要的地位。该项目不仅是永辉供应链升级的有力体现，也是帮助永辉实现生鲜农产品标准化、精细化、品牌化的主要渠道。值得注意的是，"彩食鲜"要想获得不错的发展，必须有专业的冷链物流支持，而在竞争激烈的快消行业中诞生的草根知本就具备冷链物流的优势。

目前草根知本的主要合作伙伴有商超、电商、餐饮企业、冷冻食品加工厂等。对此，永辉方面透露，在冷链物流方面，未来会与草根知本进行更深层次的合作。冷链物流是草根知本的一个非常重要的战略引擎，不仅贯穿了新希望农业、畜牧、乳业等全产业链，还形成了独具特色的新希望生态物流供应链。

草根知本旗下的企业已经超过了 20 家。随着业务板块的不断扩大和技术引进流程的加速，草根知本也获得了巨大"能量"。一方面，它深深地"扎根地下"，聚焦于和消费者息息相关的快消品行业；另一方面，它继续"仰望天空"，通过物联网、人工智能等技术进行跨领域的产业链资源整合，很好地实现了数据共享与信息交换。

7.3.3 蒙牛：做自动化物流先行者

蒙牛的总部设在内蒙古自治区呼和浩特市，每年可以生产乳制品 500 万吨。随着生产规模的不断扩大，蒙牛在很早之前就开始使用自动化立体仓库，以提高仓储容量和物流管理水平。此外，蒙牛的高度自动化物流系统也受到业界的广泛关注。

高度自动化物流系统包括自动仓库系统 AS/RS、空中悬挂输送系统、码垛机器人、环行穿梭车、直线穿梭车、自动导引运输车 AGV、自动整形机、连续提升机以及各种类型的输送机等众多智能设备，是一个自动化程度比较高、也比较先进的物流系统。

这套物流系统主要应用于常温液体奶的生产、储存及运输。按照功能划分为生产区、入库区、储存区和出库区等区域，由融入了物联网的计算机统一进行自动化管理，可以实现从生产到装车的全程无人化作业，涉及成品入出库、原材料及包装材料的输送等诸多物流环节。

为了实现智慧物流，蒙牛的高度自动化物流系统囊括了四个方面，如图 7-6 所示。

Ⓐ 成品自动立体库　　　　　Ⓑ 内包材自动化立体库

Ⓒ 辅料自动输送系统　　　　Ⓓ 计算机管理系统

图 7-6　高度自动化物流系统的组成

1. 成品自动立体库

成品自动立体库主要用于产品封箱后的环节，如装车前的出库区输送、成品存储与出库操作以及空托盘存储等。在成品自动立体库中，提升机、机器人自动码盘系统、环形穿梭车、高位货架以及单伸堆垛机等设备应有尽有。

2．内包材料自动化立体库

内包材料自动化立体库负责将内包材料运送至入库输送线。主要设备包括驶入式货架系统、单伸堆垛机以及出库机器人自动搬运系统（AGV 系统）。其中，AGV 系统可以自动把内包材料送到无菌灌装机指定位置并将空托盘送回去。

3．辅料自动输送系统

员工将辅料放置到自动搬运悬挂车后，由辅料运输系统准确将辅料送到指定位置。

4．计算机监控和管理系统

通过计算机监控和管理系统，企业可以实现成品和内包材料的自动化入库，以及辅料的全自动控制、监控和统一管理。

蒙牛还采取了供应商预约送货的方式，加强对供应商的管理，实现收货工作的计划性与预知性。在此基础上进行物流安排，做好装车和运输计划。这样的做法有利于实现人力的共享和资源的合理分配，提高车辆装载率和运输效率，节约运输成本，提高送货的准时程度。

物联网、人工智能等技术是智慧物流的重要"引擎"。企业要想尽快实现智慧物流，技术方面就必须跟得上。这也是提升物流效率、优化消费体验的关键方法。

7.4 企业的物流转型方案

物流行业借助物联网全面升级为智慧物流，需要企业各部门的协同配合，把物联网引入企业，用物联网引领物流升级。在物联网的助力下，企业将实现从传统物流向现代物流的转变，寻求各物流环节的最优组合，真正让自己从智慧物流中受益。

7.4.1 如何从传统物流走向现代物流

随着技术的快速升级和大范围应用，物流信息化取得了一定程度的进步。但因为我国物流行业起步较晚，在发展过程中存在一些问题，所以很多企业的物流管理还是以传统的人工为主，没有形成体系，更没有形成网络，最终造成信息流通不畅，资源无法共享的问题。

在现代物流中，信息起着关键作用。信息在物流系统中快速、准确和实时的流动，能够使企业迅速对市场做出反应，从而实现商流、信息流、资金流的良性循环。而现代物流在技术的推动下变得更复杂，企业要想组织、控制和协调这一活动，就必须获取信息。

中国物资储运协会对 200 多家物流企业进行了调查。调查结果显示，在我国，第三方物流企业只能提供不足总需求 5%的综合性全程物流服务；有 61%的物流企业完全没有信息系统支持；有仓储管理、库存管理和运输管理的企业分别只有 38%、31%和 27%。

为什么物流企业的信息化程度低、物流管理手段落后、管理体制不合理？原因包括缺少专业人才、物流基础设施薄弱、黑客与病毒等严重危害网络安全的攻击。那么，企业应该如何做才能解决这些问题、加强物流管理，实行从传统物流向现代物流的转型呢？

首先，企业要进一步健全物流信息化标准规范，改进对物流相关环节的管理方式、完善不适应物流发展的各类规定、建立一体化的物流信息系统，及时、自动地更新数据，提高整个物流流程的透明性和时效性。

其次，企业要开发或引入先进技术和设备，借鉴有价值的实践经验，学习前沿物流信息知识，不断增强研发能力，从而进一步提升和完善物流工作的效率，加快物流信息化进程。

再次，企业要重视物流公共信息平台建设，合理优化公共平台系统，加大资源整合力度，通过不断实践，提高服务质量，发挥行业整体优势，实现互利共赢，从根本上改善现状。

最后，企业要培养高素质的专业性物流人才。除了加强在学校的相关教育外，还要加强对现在职人员的培训，将先进的物流理念和运作方式及管理规范融入现代物流建设，从而提升服务水平，实现物流信息化的快速发展，改善物流管理现状。

7.4.2 企业实现物流转型的策略

在物联网时代，物流领域必须打破传统的分项式管理，将企业内的所有环节综合起来考虑。从原材料采购到产品交付，整个过程应该是一个整体。企业必须寻求各环节的最优组合，真正让自己从物流中受益。下面以海尔为例对此进行说明。

海尔现在每个月平均可以收到上万个订单，需要采购的原材料多达 26 万余种。面对这种复杂的情况，海尔的物流依旧很快速。而且相比之前，其呆滞物资降低了 73.8%，仓库面积减少了 50%，库存资金减少了 67%。就以海尔国际物流中心为例，其整体面积只有 7200 平方米，但吞吐量相当于普通平面仓库的数百倍。

海尔是如何实现业务统一营销、采购、结算并利用全球供应链资源搭建起全球采购配送网络的？这源于海尔在物流管理方面采用的"一流三网"模式。该模式充分体现了现代物流的特点："一流"是以订单信息流为核心；"三网"分别是全球供应链资源网络、计算机信息网络、全球配送资源网络。其中，"三网"同步运行，为订单信息流的增值提供技术支持。

得益于物联网和计算机信息管理系统的支持，通过 3 个 JIT（即 JIT 采购、JIT 配送和 JIT 分拨物流），海尔实现了物流管理的同步。所有供应商都通过海尔的 BBP 采购平台在网上接受订单，把下达订单的周期由原来的 7 天以上缩短到 1 小时以内，准确率高达 100%。此外，供应商还可以在网上查询库存、配额、价格等信息，及时进行 JIT 采购，避免缺货。

海尔对自己的物流体系进行了全面改革，从最基本的物流容器单元化、标准化、集装化、通用化开始，到原材料搬运机械化，再逐步深入到工厂的定点送料、日清管理，实现了库存资金的快速周转（其库存资金周转速度由原来的 30 天以上减少到 12 天）。

根据订单需求，生产部门完成生产后，通过海尔的配送网络将产品送到用户手中。海尔的配送网络从城市扩展到农村，从沿海扩展到内地，从国内扩展到国际。在中国海尔拥有 1.6 万辆可调配车辆，可以做到物流中心城市 6～8 小时配送到位，区域配送 24 小时送达，全国主干线分拨平均 4.5 天送达，形成全国最大的分拨物流体系。

物联网将企业外部合作伙伴、CRM（用户关系管理）平台和 BBP 电子商务平台连接在一起，架起了海尔与全球用户、全球供应商沟通的桥梁，实现海尔与其之间的零距离接触。

海尔的"一流三网"为其他企业提供了良好的示范作用。解决物流活动分散的问题要做到物流一体化，加强物流活动之间的联系与合作，将市场、分销网络、生产过程和采购活动联系起来，统一进行管理，提高运作效率。

物联网基础上的物流一体化有利于重建产销关系，把生产与流通结合成利益共同体，使二者能够相互调整和控制，从经济利益入手激发物流参与者的积极性，开拓市场，引导生产，通过组织规模流通推动生产，建立物流对生产的引导地位。

第8章

智慧医疗：医疗领域的价值再造

智慧医疗会给患者带来不一样的体验，这是物联网与医疗领域融合的结果。物联网可以实现医疗数据共享，让患者的病情得到更及时、高效地治疗。此外，看病新方式的出现也可以让就诊更智能，帮助医护人员挽救患者的生命。

8.1 背景概述：高枕无忧的智慧医疗

随着物联网的发展，物联网产品已经不再只是科幻般的存在，而是逐渐与我们的生活息息相关。在互联互通的今天，物联网的先天优势，已经带动了医疗领域的迅猛发展。可想而知，物联网与医疗领域的融合，必然会革新医疗领域，成为物联网时代的商业爆点。

8.1.1 医疗领域现状分析

社会不断发展，人们的生活水平不断提升，健康早就已经成为人们最为关注的问题之一。前瞻产业研究院发布的报告显示，在美国，医疗领域很受关注，其整体规模在 GDP 中的占比已经超过 10%；在我国，医疗领域在 GDP 中的占比虽然不高，但与之前相比也有了明显提升。由此可见，医疗领域目前依然有比较大的发展空间和开发价值。

为了提高人们的整体健康水平，国务院印发并实施了《"健康中国 2030"规划纲要》（以下简称《纲要》）。《纲要》明确指出，健康服务供给总体不足与需求不断增长之间的矛盾依然突出，医疗领域发展与经济社会发展的协调性有待增强，需要从国家战略层面统筹解决与健康相关的重大和长远问题。

《纲要》还强调并提出了发展医疗领域的措施，包括加强政府监管与社会监督；促进非公立医疗机构规范发展；扶持一大批中小微企业配套发展；到 2030 年，药品、医疗器械质量标准全面与国际接轨；推进医药流通业转型升级，减少流通环节等。

除了我国外，很多国家也都制定了智慧医疗发展战略，这将极大地促进医疗领域的数字化与自动化。但是，在发展智慧医疗的过程中，医疗数据的完整性、真实性、安全性难以得到有效保障，医疗工作效率低下的问题也十分明显，各医疗机构之间的数据孤岛现象更是越来越明显。这些都是智慧医疗需要面对的问题。

物联网在医疗领域的应用可以很好地解决上述问题，为智慧医疗的发展提供技术支持，使其尽快实现转型升级。此外，物联网还能够保证医疗网络安全、消除数据孤岛、实现精准医疗、建立可靠性与个性化兼备的医疗计划。

8.1.2 智慧医疗来临，看病更简单

长久以来，看病都是一件比较麻烦的事情，无论是挂号、诊断还是检查，几乎很少会有不需要排队的情况。这不仅让医院感到烦恼，也容易让患者产生强烈的不满情绪。如今，分散在各个科室的设备没有得到有效管理，更是延长了患者的等待时间，白白浪费了医疗资源和患者的宝贵时间。

未来，医疗科技触手可及，可以蔓延到各个领域，如健康预测、精准治疗等。在物联网和大数据的驱动下，医疗的可及性也将大幅度提升：医院摆脱地域限制；医疗资源储备更丰富；"看病难"问题将得到有效解决。

上述情景不是只存在于想象中，而是已经被 GE 医疗智能响应中心（以下简称 GE 医疗）变为现实。GE 医疗率先把物联网和大数据引入医疗领域，完成了与医院中数千台设备的在线连接。通过采集和分析大量数据，GE 医疗的工程师可以对这些设备进行实时监测、故障预警、远程维修等，同时还可以提供设备使用资讯和管理智能化的创新服务。

现在，GE 医疗已经将物联网和大数据应用于国内的多家医院，使看病效率得到了很大提升，下面以上海知名三甲医院仁济医院为例进行说明。

在上海，每天来仁济医院就诊的患者特别多，这些患者甚至可以把门诊大厅挤得满满当当，排队现象更是数见不鲜。然而，仁济医院的设备看似非常充足，却没有被充分利用起来，例如，CT 设备分散在门诊、急诊、内科、外科等不同科室，其实际使用情况、维修情况、使用效率、运行状态很难被全面掌握。

于是，仁济医院与 GE 医疗达成深度合作，开始使用 GE 医疗的产品——AssetPlus。通过对仁济医院的设备进行远程观察、调控和分流，AssetPlus 不仅可以降低设备的高负荷运行时间，还可以把排队的病患分流至闲置设备。这样不仅提高了设备的使用效率，避免了宕机情况，还极大地减少了患者的等待时间。

为了使设备的各项信息可以一目了然，AssetPlus 还会自动生成详细的《同类设备当月使用效率分析表》。假设内科的设备使用次数远低于急诊，那么同济医院就可以根据《同类设备当月使用效率分析表》对设备、人流进行相应调整。

以前，患者到同济医院进行身体检查可能需要等待 6~8 周，经过调整以后，只需要几天就可以完成身体检查。对于 GE 医疗来说，物联网和大数据不仅可以为医院创造价值，还可以帮助患者获得更好的看病体验。

8.1.3 物联网让你变身健康管理专家

如果一个人想成为健康管理专家，首先要有大量的健康检测数据。这些健康检测数据包括个人的饮食习惯、锻炼习惯及睡眠习惯等。目前我们借助物联网、人工智能、大数据等技术，可以对这些健康检测数据进行分析，为自己提供更有针对性的健康管理方案。

目前，国内的三甲医院都设有智能设备。借助这些智能设备，病人能够轻松地进行各类身体检测。这些智能设备也能够借助物联网将采集到的健康数据迅速上传至云端数据库，并在云端自动生成关于病人的健康状况档案。这些档案便于医院和相关部门进行居民健康状况调查，能够为后期的种种调查节省大量的人力、物力与财力。

医疗类 App 可以成为居民的健康咨询顾问。借助各类智能设备，居民可以一键呼叫专职的健康管理人员。他们不仅可以详细地进行在线咨询，还可以要求健康管理人员提供上门服务，包括上门护理和上门送药等各项人性化服务。

随着健康管理应用的不断发展，居民自主进行健康管理的水平也将会不断提升。未来，居民借助更智能、更协同的健康咨询平台，能够更迅速地处理各类健康问题，更高效地预防各类疾病。一些健康管理终端能够持续监测病人的身体健康情况。如果病人出现异常情况，终端就会立即进行预警，同时会为医生提供险情处理解决方案。

谈及物联网与健康管理融合的案例，就不得不提美国的健康管理企业 Welltoks。Welltoks 主要关注的是个人健康管理问题。它不仅会为个人提供各类健康管理数据和各类健康管理方案，而且能够智能接入其他服务商，为相关的健康管理企业提供服务。

另外，Welltoks 还开发了一款名为 CafeWell 的健康优化管理平台。同时，CafeWell 与 IBM Watson 也有着密切合作。CafeWell 借助 IBM Watson 的强大认知能力与计算能力，辅以物联网、大数据等技术，为用户提供健康管理与健康食谱等方面的专业知识。当用户按照 CafeWel 提供的健康方案进行健康管理时，CafeWell 会给用户发放相应的奖励。

奖励包括积分奖励、礼品卡奖励甚至现金奖励等。这些良性的奖励方式能够进一步增强用户黏性，提升自我健康管理的智能化与数字化水平。当人们想培养生活习惯时，它也会给予相应奖励，促进用户积极改善健康情况。

8.2 物联网如何赋能智慧医疗

在国内外，智慧医疗均受到了重视，也引起了社会的广泛关注。例如，IBM 曾经携带 Watson 在我国进行"出诊"。此次"出诊"的效果是惊人的，Watson 只用了 10 秒钟，就为病人开出了癌症的处方药物。在我国，行业巨头自然也不甘落后，正在紧锣密鼓地推进智慧医疗。可见，物联网赋能智慧医疗是未来的大趋势，会为百姓带来更多福利。

8.2.1 自动化医疗护理

在医疗领域，护士的作用有时不亚于医生。在患者住院后期，更离不开护士的精心照护。随着人口老龄化问题的日益严重，越来越多老年患者出现在病房中。老年患者经历大型手术后，必须接受更细心的照料，这就意味着需要更多优秀的护士。

现在护士短缺问题影响了患者看护。该问题体现在两个方面，一是护士人手不足，特别是急诊护士严重短缺，亟待填充；二是一些专业型护士也面临着严重不足的状况，例如现在普遍缺乏专业的眼科、耳鼻喉科以及整形科护士。在这种情况下，虚拟护理服务有了发展空间。

物联网在医疗领域的应用能够有效解决护士短缺问题。在物联网的支持下，虚拟护理借助大数据、云计算、人工智能等技术，高效收集患者的各类生活习惯信息。例如，患者的饮食状况、锻炼状况以及服药习惯等。当收集到各类信息后，虚拟护理能够迅速分析患者的整体健康状况，用智能化手段协助患者进行一系列康复活动。

虚拟护理服务可以实现医疗护理的自动化与智能化。这是物联网与众多技术相互结合的结果。它不仅缓解了当代医疗领域护士短缺的问题，还通过智能化操作为患者带来更好的医疗体验，使患者足不出户就可以享受到专业、周到的护理。

8.2.2 医疗数据的共享和开放

当物联网应用于医疗领域，医疗数据会走向共享和开放，为给患者的就医、医院的医疗和医学研究等带来便利。在医疗数据共享和开放的背景下，医疗数据建设会打破传统的数据孤岛现象。医疗数据的共享和开放才是当下发展的必然趋势。

因此，医疗领域的医疗数据会呈现日益流动的趋势，在流动中发挥更大价值。在这个过程中，医疗数据是否真实、可信、能否有利于医疗效率的提高是十分重要的。这对维护医疗机构和主管部门的安全非常重要，也是医疗数据共享和开放的关注点。在医疗数据互联共享的时代，我们更需要对数据加强保护，让数据可以更好地提升医疗效率。

如何实现医疗数据的共享和开放？依托物联网产生的电子病历就可以很好地解决了这个问题。当前使用的常规病历具有封闭性的特点，而电子病历的最大特点就是共享性和开放性。电子病历可以通过高速运转的网络和物联网，使异地查阅、会诊、数据库建设成为可能。

在传统的就医模式中，患者的病历只保存在本医院，如果患者到其他医院就医就需要重新检查，这不仅造成医疗资源的浪费，也浪费了患者时间、使其忍受不必要的痛苦。而电子病历可以很好地避免这些问题。患者在各个医院的就医情况可以通过电子病历来共享，给医疗机构和医护人员带来极大方便。

电子病历可以实现历史医疗数据的共享和开放，有效地简化了患者的看病流程，使医院提升了服务水平，患者也得到了更优质的就医体验。物联网下的医疗数据系统打破了不同医院、不同地区之间的壁垒，极大地推动了医学的进步。在医疗数据共享和开放的情况下，医学研究也有了更多医疗数据支撑，加快了医学研究的发展步伐。

8.2.3 愈发精准的治疗方案

物联网应用于医疗领域可以实现实时接收信息，有效管理或者调整患者的治疗方案。物联网在医疗领域最突出的作用是可以实现治疗方案个性化。物联网设备能够不断收集患者的数据，快速分析和返回信息，向患者推荐最佳治疗方案，提高了患者对病情的自主管理能力。此外，物联网也可以为监测及感官处理装置提供技术支持。

物联网的发展将实现更高效的远程医疗及远程护理。患者在家中佩戴传感器，就可以将信息传递到医生那里，通过接收到的数据，医护人员将会根据这个患者的病情制定出相应的治疗方案，使患者的病情得到控制。

在物联网辅助治疗方面，最典型的企业是 Buoy Health。Buoy Health 有一项很成功的应用，既帮助医生获得更多的辅助资料，又帮助患者以最快的速度了解自己的症状，并得到最适宜的治疗方案。

Buoy Health 推出了医学引擎。借助搜索引擎，医生能够在 Buoy Health 的数据库中查到大量的临床文献和病例资料，还可以参考众多患者的样本数据。对于患者来讲，借助数据库的筛选机制，他们能够在细分病症中迅速找到自己的病症。随后，患者可以在数据库中找到治疗病症的有效方案，或者从数据库中了解到与此病症相关的并发症及其他问题。

这样既能够帮助患者解决问题，还能够向患者普及医学知识，对患者的身心健康是极其有利的。在未来的智慧医疗中，物联网辅助治疗会越来越常见。科研机构应该与医院联合，研发出更智能、更先进的物联网设备，从而更好地帮助医生进行诊断、更好地为患者服务。

随着物联网的不断发展，很多低耗能的医疗健康监测设备会被应用，如患者的医疗远程传感器、可穿戴设备等。这些设备内嵌物联网，可以将患者的病情传递到医护人员那里。接收到这些数据后，医护人员会根据患者的身体状况，进行病情特征管理或者调整治疗方案。

有些患者可能在经过一段时间的治疗后就康复了，不需要进行后续治疗了。而有些患者则可能在一段时间后又出现新的问题，这就需要医生在经过远程诊断后进行药物上的调整，而患者则可以在家里等着药物送上门，也可以自行去医院取药。这样就方便了患者看病，提高了看病的效率，让患者的治疗方案可以得到及时优化。

8.3 智慧医疗下的商业价值链

一提到"看病"，人们总会提到"看病难、看病贵"。如今，随着政策的扶持，这个状况已经得到了一定的改善。但在就医方面，人们还存在一些困扰，如挂号难、排长队、检查结果反馈慢等问题。现在物联网正在与医疗领域融合，各大企业也纷纷针对智慧医疗的商业落地问题制定解决措施。未来，会形成智慧医疗下的商业价值链，人们看病会更方便。

8.3.1 智慧医疗的四种商业模式

无论何种企业，在创业初期总是会遇到众多难题，商业模式的选择就是其中非常重要的一项。在物联网时代，医疗领域也不例外。目前直接面向 C 端（用户端）的商业模式不太好确立。因为初创企业往往没有强大的技术实力支撑 C 端用户的需求。而且，C 端领域也早已经被一些行业巨头牢牢掌握。

与 C 端的商业模式相比，B 端（商户端）的商业模式似乎更容易被应用，相关业务也有很大的开发价值。从实际情况来看，很多医疗领域的初创企业也都率先从 B 端入手。在 B 端，企业的商业落地已经存在四种相对成熟的商业模式，如图 8-1 所示。

图 8-1　智慧医疗的四种商业模式

模式一：与医院进行商业合作。一般来说，医院对商业合作有着较严苛的要求，企业必须拥有强大的科技研发团队。而且，企业还必须有参与"国家基金合作科研项目"的经验，否则很难与大型医院达成合作。

模式二：与精密医疗器械企业进行商业合作。与精密医疗器械公司进行合作还是比较能够盈利的。企业只需要为这类公司的产品提供更智能的科技解决方案，而且质量有保证，通常没有太过严苛的标准和要求。

模式三：与信息公司进行商业合作。与信息公司合作能够为企业提供大量的商业信息，如市场需求信息、产品供给信息等。这样有利于企业更好地进行市场布局，做到全局把握。

模式四：与科研机构进行商业合作。如果企业拥有一个有创新 idea（方案、主意、想法）的团队，但没有一个核心科技团队，那么再好的 idea 也只能是幻想，不能成为真实的产品。与科研机构合作，企业可以借助他们的科技力量，把自己的好 idea 转化为美好的现实。科研机构也可以帮企业排除一些不切实际的想法，让团队的决策更精准、高效。

同时，我们要明白，并不是所有领域与物联网的碰撞都能迅速产生完美的商业模式。在医疗领域，企业进行物联网的商业探索会非常困难。因为医疗领域存在太多不确定性，不利于商业开发。例如，医疗领域的学科多，企业需要不断增加研发成本；医疗科技产品在应用阶段也存在较大的滞后性，不容易很快看到价值。

目前，虽然已经有四种比较好的商业合作模式，但企业不能止步于此，而应该探索更多商业模式。与此同时，企业还要相信，智慧医疗的社会价值会高，自己要在进行商业开发的过程中不遗余力地挖掘这个社会价值，使商业模式更顺利地落地。

8.3.2 打造盈利体系，挖掘智慧医疗价值

盈利能力体系是物联网在医疗领域走向壮大的核心要素。如果企业不能够进入盈利状态，即使一些产品已经进行了落地开发，也难以取得进一步发展。目前，在医疗领域，影像识别、辅助诊断、精准医疗、药物研发等层面基本都已经进行

了产品的落地开发。在这些层面中，辅助诊断的商业化程度最高，而且也有丰厚的盈利。

北京羽医甘蓝信息技术有限公司的创始人兼 CEO 丁鹏认为："医疗领域的价值是隐性的，盈利还需要等一段时间。资本之所以涌入医疗这个风口，是因为看到了各项技术在这个领域所发挥的作用。企业一定要在细分市场、垂直领域去做深、做透，才能真正发挥作用。"。

可见，医疗领域的盈利具有一定的滞后性。所以，面对医疗投资的弊端，企业也要擦亮双眼，不能盲目跟风，一定要发挥自己的智慧，在细分市场、垂直领域多下功夫。虽然，目前医疗领域还没有非常成熟的盈利模式，但企业可以在以下三个方面多做努力，如图 8-2 所示。

一　深入挖掘医疗领域的细分市场

二　在垂直领域延伸医疗产业链

三　注重智慧医疗的社会价值

图 8-2　开发医疗盈利能力的三元素

1. 深入挖掘医疗领域的细分市场

虽然医疗领域现在还是蓝海市场，但企业只做一些简单的医疗科技产品是很难具有竞争力的。例如，只是简单地将物联网应用于医疗领域其实只是一种"假把式"，虽然带着物联网的光环，但并没有为病人的就医体验带来显著的提升。

在细分市场深入挖掘，就是要找到物联网融合医疗领域的核心点、盈利点。例如，企业可以在医疗机器人、辅助诊断等领域进行深度开发。只有在这些领域开发出功能完善的产品，才会得到医疗机构和广大患者的支持，最终才能占有市场，获得盈利。

2. 在垂直领域延伸医疗产业链

只有医疗产业链条足够完善，才会有更强的用户黏性，企业才有更多的盈利机会。在医疗领域，企业既要在源头，利用物联网、人工智能等技术进行药物研发；又要在就医过程中利用技术开发更精密的医疗器械；还要在病患服务方面开发智能医疗服务机器人。只有在医疗产业链的各层面进行深入挖掘，企业才能够更好地占领市场、赢得更丰厚的利润。

3. 注重智慧医疗的社会价值

不同于智慧教育或者智慧文娱等领域，从事智慧医疗的企业要更注重社会价值。只有率先实现了社会价值，智慧医疗的商业价值才会实现，而且会帮助企业源源不断地盈利。

综上，医疗领域的盈利周期是比较漫长的。企业要在注重社会价值的情况下，充分利用物联网、大数据、人工智能等技术，深入挖掘细分市场，让智慧医疗真正地为寻常百姓谋福利。当然，最终企业也能实现自己的盈利，达到双赢的效果。

8.3.3 迎合物联网时代，研发新型医疗科技产品

在物联网时代，企业要想在医疗领域实现商业落地，首先要打造全新的医疗科技产品。打造医疗科技产品的核心标准就是其能够有效协助医生。目前，在医疗领域落地的产品也逐渐丰富起来，如医疗机器人、智能药物等研发类产品、智能影像等识别类产品等。

产品在医疗领域落地需要两个必要条件。第一个必要条件是，产品必须能够

解决人们的真实需求，包括真实的需求场景、需求者的刚性强度等。只有能够真正地解决人们的刚性需求，产品在医疗领域才会有更广阔的发展前景。

第二个必要条件是，物联网的强度以及可操作程度。如果物联网只停留在科研层面，技术强度较弱，尚不具备开发的可能性，那么产品的落地也将是很困难的。此外，企业还需要综合考虑技术的可靠性、稳定性以及可提升性。

提及产品在医疗领域的落地，向大家介绍最适宜落地的三类产品，如图 8-3 所示。

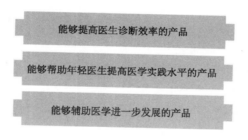

图 8-3　最适宜在医疗领域落地的三类产品

产品一：能够提高医生诊断效率的产品。在就医体验中，最让患者心烦的应该就是拖着沉重的病体进行漫长的等待。虽然看病需要花时间，但如果医生不提高工作效率，让病人进行漫长的等待，对于病人来说是一种折磨。如果一项产品能够提高医生的诊断效率以及准确性，必然会大受欢迎。

产品二：能够帮助年轻医生提高医学实践水平的产品。患者在就医时十分关心医生的医疗技术水平，总是希望给自己治病的医生是"华佗"类的医生。尤其在中医治疗中，患者往往更希望有经验的老中医给自己治病，因为老中医的临床经验丰富。

但年龄大的医生一般精力有限，出诊次数相对较少。在医院中，能够长时间出诊的都是比较年轻的医生。有些年轻医生的临床经验不丰富，有可能会出现误诊等问题。如果有产品能够帮助年轻医生提高医学实践水平，那么肯定会受到医患双方的支持和认可。

产品三：能够辅助医学进一步发展的产品。例如，智能药物研发类产品、医学影像识别类产品等都能够帮助医生进行更高效、更智能化的诊断与治疗。

综上，企业要想让医疗科技产品落地，除了有适宜落地的场景，还要有更成熟的技术实力，同时也要能够满足患者的刚需。三者缺一不可。

·第 9 章·

智慧农业：开启农业发展新篇章

智慧农业的发展分为萌芽、发展、应用三个时期。21 世纪是智慧农业的大规模应用时期，我国在智慧农业上也有了突出成果。同时，智慧农业的发展也面临着基础设施、信息、技术和人才等诸多方面的挑战。物联网在农业领域的应用将为智慧农业提供必要的技术支持，让智慧农业有更广阔的发展前景。

9.1 物联网+农业=智慧农业

智慧农业是农业生产的高级形态，集物联网、云计算、人工智能技术为一体，依托在农业生产中部署的各种传感器和无线通信网络，使农业生产环境具有智能感知、智能决策、专家在线指导等功能。物联网可以保证农业生产的精准性，使信息收集更完备、信息感知更透彻、数据资源更集中，从而使农业生产得到更智能化的管理。

9.1.1 农业远程监控不再是"梦"

农业在发展，农民需要面临环境数据增多、监控范围扩大的挑战。物联网与大数据则是应对这些挑战的关键技术。我国必须完善环境监控网络建设，加强环境监控，提升环境监控质量，落实政府、企业、社会的责任与权利，为环境保护提供强大保障。

当物联网、大数据与农业融合后，农业远程监控将不再是"梦"。有了内嵌多项技术的远程视频监控系统，如图 9-1 所示，农民可以在环境出现异常情况时采取科学的应对措施，不断提高农业生产效率和农作物产量。

图 9-1　远程视频监控系统

通过引入远程视频监控系统，农民还可以通过传感器收集农作物生长过程中的各项数据，再将其上传至云端数据库，对农作物所处环境进行实时监控和分析，提高对农作物种植面积、生长进度、产量的关联管理能力。

9.1.2 帮助农民提高农业管理水平

技术创新不仅改变了农业，也改变了农业管理方式，让农产品从农场到餐桌的过程更安全、高效，且具有可持续性。在农业管理中，气象动态与农作物生产监测、自然灾害控制和规避、劳动力管理都非常重要。现在这些环节实现了人为监控，农民也摆脱了"靠天吃饭"的困境。

在物联网全面覆盖的农场中，各项设备都能够根据收集到的数据为农作物营造出最佳的生长环境。某科技企业曾就演示过智能设备在农业领域的应用场景。在应用场景演示中，该企业对一片种植区进行拍照与数据采集。当这些工作顺利完成后，照片和数据就会传输至服务器终端，终端会在接收到照片和数据的第一时间制订种植区保护计划。

除了企业外，政府也在积极发展智慧农业。例如，浙江省开启了"智慧农场"项目。在农业博览会上，该项目的工作人员用联网的智能设备实现了对农场各生产环节的精准操控。原本需要多人劳动的环节，现在只需要一台智能设备就可以完成，效率比之前提高了很多。

与此同时，湖州也开始借助各种智能设备进行农业生产活动。这些智能设备的出现不仅提高了生产效率，也避免了劳动力过度消耗。在智能设备的助力下，越来越多人能够从重复性劳动中解放出来，投身到更有价值的劳动中。

9.1.3 精准预报自然灾害

高温和干旱历来都会影响农作物生产。严重的干旱能使农作物产量锐减甚至绝收，这意味着农民的努力全部付诸东流且面临无收入的风险。而物联网则帮助农民改善了这个困境。物联网能够根据不同地域的土壤类型、灌溉方式、农作物种类等划分不同区域，通过各种传感器和智能气象站实现在线获取墒情、旱情、养分、气象等方面的数据，实时监测天气变化。此外，物联网还能够有效帮助农民规避自然灾害，实现墒情、旱情自动预报，减少自然灾害为农民带来损失。

墒情、旱情监测预警系统可解决传统种植过程中对农作物墒情、旱情监测不及时的问题，为水肥智能决策、控制提供依据。例如，墒情系统通过传感器采集土壤数据、气象数据、农作物生理数据，再将这些数据实时回传至数据处理中心，由系统进行整合分析，通过和标准墒情信息数据库中对应农作物的标准数据进行对比，达到监测与预警墒情的目的。

对于农民来说，没有什么事情比保护好农作物更重要。在现代农业中，农作物保护包含了灌溉、耕耘、诊断病虫害等多个方面，其中最重要的就是诊断病虫害。一般来讲，传统的病虫害诊断由农民通过视觉检查，这种方式存在两个比较明显的弊端——效率低、误差大。然而，对于一台融合了机器学习的计算机而言，诊断病虫害实际上就是一个模式识别的过程，整个过程非常高效。

将物联网融入病虫害诊断，不仅可以使农业生产过程得到改进，还可以更好地满足人类的粮食需求。与此同时，自然资源也可以得到高效利用。现代农业中的机器学习不仅有利于保证病虫害诊断的精准性，还有利于减少因诊断失误而导致的资源浪费。

识农 App 拥有强大的数据库。该数据库的数据有三个来源：有关专家、科研院所进行合作得到的数据；工作人员亲自去田间收集相关数据；用户上传的病虫害数据。这些数据使得该 App 能够从全局角度精准地把握病虫害发生的趋势并指导农民进行科学防治。

识农 App 能将用户上传的案例存储为个性化档案，根据其需求针对性地给予精细化指导，使用户能够在有效防治的基础上科学施用化肥与农药。以柑橘为例，每天会有大量的柑橘种植者通过该 App 识别其柑橘上的病虫害。用户拍摄发病农作物的照片并上传后，该 App 后台会运用人工智能进行识别分析，进而指导柑橘种植者用药。

若识农 App 无法识别，用户可以咨询后台的专家，再由专家进一步给出诊断信息和解决方案。这种智能防治系统能够有效降低试错成本，帮助农民提高种植效率。它也使农民在预防自然灾害时从依靠经验、人力到依靠科技，为农业发展带来了极大便利。

9.1.4 无人农场描绘农业新图景

物联网与农业融合可以释放强大能量，这些能量现在已经蔓延到了无人农场，而且出现了很多极具代表性的案例。例如，2021 年 4 月，湖南无人农场望城项目正式启动，无人拖拉机、抛秧机在田地间工作，引来很多人围观。望城借助人工智能实现水稻耕、种、管、收等生产环节的全自动管理。

望城项目主要包括四大板块：高标准农田、智慧农机、智能灌溉和天空地一体化精准农情遥感监测系统。

（1）高标准农田。望城项目严格按照高标准农田建设要求进行平地、修渠、整地等工作。现在望城区已经投资了 8.2 亿元，累计建设了超过 60 个高标准农田。

（2）智慧农机。智慧农机（如图 9-2 所示）可以实现水稻耕、种、管、收等生产环节的自动化与智能化，全方位打造"全程机械化+无人农场"经典示范模式。

（3）智能灌溉。望城项目致力于优化水利设施，实行排灌分离，建立智能灌溉系统，以减少输水损失，提高水资源利用率。

（4）天空地一体化精准农情遥感监测系统。天空地一体化精准农情遥感监测系统是望城项目的"智慧大脑"，可以帮助农民采集关键信息。该系统现在已经与物联网、5G、遥感监测等技术融合，建立了农业资源动态更新体系。

图 9-2　望城项目的智慧农机

望城项目以"发展智慧农业"为主线，积极应用机械化技术，进一步推动农业现代化。该项目所在地区获得了非常迅猛的发展，已经成为智慧农业样板区，为我国其他地区进行转型升级提供了方向指引和方法论指导。

9.2　智慧农业中的物联网解决方案

智慧农业涉及技术很多，物联网就是其中非常重要的一个。物联网为智慧农业的发展带来了新动能，使其拥有更完善、更符合时代的物联网解决方案。

9.2.1　大田种植联网解决方案

大田种植的特点是农作物生长环境可控、经济效益高，也是目前农业物联网应用比较多的领域。大田种植的特定的流程如图 9-3 所示。

基于自身拥有的数据采集能力、视频图像识别能力、环境智能调控能力和水肥智能决策能力，农业物联网可以对田地里的农作物进行全维度监测，实现精准种植，同时也可以控制农作物的生长环境，提高农民的经济效益。

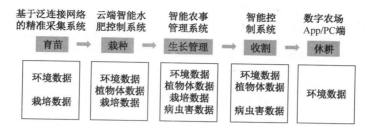

图 9-3 大田种植的特定流程

农业物联网将用于大田种植的育苗、栽种、生长管理、收割、休耕等多个环节。在大田种植过程中，农业物联网通过精准采集系统、水肥控制系统、智能终端可以对大田种植的各环节的相关数据进行采集，为农民进行科学化决策提供重要依据。

9.2.2 水产养殖物联网解决方案

将物联网应用于水产养殖，可以为其建立完善的控制系统，有效解决传统水产养殖过程的弊端。水产养殖控制系统可以实时采集养殖水质的环境信息，生成异常报警信息和水质预警信息，还可以根据分析结果，实时自动控制养殖控制设备，如供暖、抽水、排污等，在科学养殖与管理的基础上做到节能、环保。

综合地看，水产养殖控制系统具有以下四个方面的功能。

（1）环境监测：对水质的环境（温度、pH 值、溶氧量等）实时监测。

（2）自动控制：调控水质环境及自动与控制设备联动。

（3）指挥调度：调度、控制水质场景内的装备。

（4）统计决策：对物联网信息进行统计分析，根据分析结果提供科学决策及统计报表。

水产养殖控制系统可以帮助农民对水产养殖环境进行 24 小时监控。一旦有异常情况，农民可以根据相关信息进行科学决策。将物联网应用到农业生产中，不仅降低水产品的生长风险，也提高了农民的生产效率和管理水平。

9.2.3 现代化果园物联网解决方案

"淮橘为枳"是每个人都听过的故事，意思是南方的橘树不能栽种到北方，否则因为气候、土壤、水质等因素的不同，只能结出枳，即味道酸苦的果子。环境对植物的生长起着关键性作用，在传统农业生产方式中是不可能无视它的影响的。而现今出现的"物联网+5G"技术，却可以让"南果北种"成为现实。

济南莱芜区的智慧农业科技园就是基于"物联网+5G"技术，运用大数据和云管理平台，让莲雾、柠檬、木瓜等热带水果在北方地区顺利生长。北方人民从此就可以实现在家门口看见、吃到热带水果的愿望。

科技园主要由大数据中心和数字化种植园组成。利用"物联网+5G"技术，通过数据的力量替代人力，颠覆了传统的农业生产认知，将科技园打造成全天候、全季节生产的高效农业产业基地，从而促进莱芜区的可持续发展。

运用物联网的数据监测设备，农业生产现场的气候情况可以根据农作物生长状况进行调节，解决了农民之前"靠天吃饭"的问题。此外，为了保证传感器能够及时采集与农作物生长状况相关的数据并实时进行影像传输，科技园实行 5G 全覆盖。借助 5G 的高速度、低时延、广连接的特性，保证数据上传的实时性。

科技园内的相关技术可以实现对农业设备的远程精准控制，大幅减少了水、肥、药的使用量，比人工种植更科学、损耗更少。农民只需在家，用手机查看回传的实时数据，再结合大数据中心的分析，遥控调节科技园内的灌溉、施肥、打药等工作即可。

"物联网+5G"技术应用于农业，用数字化的生产和管理模式降低其运营成本，同时使农作物种植的生态价值浮出水面。由此，第一、二、三产业融合发展，形成了具有可持续发展能力的农业模式，为农民面临的难题提供了以数字化为基础的解决方式。

我国是农业大国，农业发展始终在各大产业发展占据重要位置。目前，传统农业生产方式的弊端逐渐显露出来，农业需要向科技化、产业化、规模化、智能化转型。物联网革新了农业，5G 提升了设备的控制能力，这些技术势必会成为农业向智慧农业演进的强大动力。

9.3 智慧农业带来经济增长点

物联网引起了诸多领域的变革，其进入智慧农业领域后，同样会打造全新的模式，挖掘新的经济增长点，如农业电子商务、农业休闲旅游、农业信息服务等。

9.3.1 农业电子商务：提升农业竞争力

电子商务与农业融合极大地加快了农业的转型步伐，也改变了传统农业的发展方式。现在，我国凭借便捷的电商平台和新颖的购买方式，再加上畅通的物流体系，为农业电商的发展奠定了坚实基础。农业电商缩短了从农产品到消费者的路径，促进了农业的技术创新与升级，激活了乡村的发展动力，降低了农产品滞销风险。

自从"物联网+"概念迅猛发展，农民如果不做一些与电商有关的事情，那就相当于放弃了盈利机会。那么农民应该如何入局农业电商呢？关键在于了解农业电商的四种类型，包括农产品电商、农资电商、生活服务电商等。

为了顺应时代发展，浙江遂昌站在了农业电商的风口上，与当地企业共同成立了网店协会，打造了一个集良好环境、美丽经济、特色文化于一体的生态圈。遂昌在政府的支持下组织农产品线上销售，通过物联网创建智慧供应链管理体系，如图 9-4 所示。

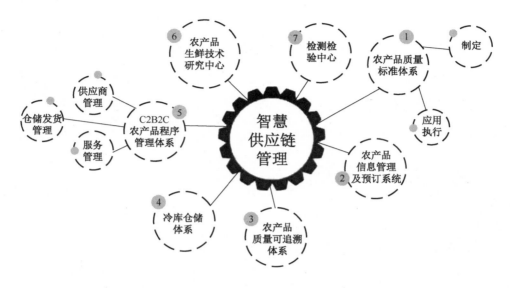

图 9-4　遂昌的智慧供应链管理体系

从整体上来看，遂昌的农业电商模式主要包括以下四个关键点：

（1）召集政府、网商、服务商、供应商参与农业电商发展，建立信息共享机制；

（2）组织电商公共服务培训，让大家学习先进的电商知识；

（3）通过网店协会邀请专家为从业者提供商业策划、产品拍摄、品控包装、页面设计等服务，形成完善的农产品上行体系；

（4）通过网店协会建立便民服务体系，开设赶街服务站，解决农业电商中的支付、物流、售后等问题，形成完善的农产，品下行体系。

我们可以从遂昌的农业电商模式中了解到，做农业电商不等于农民开网店，要坚持让专业的人做专业的事。也就是说，农民要想开好网店，必须不断提升自己的能力，丰富自己的电商知识储备，更新自己的电商理念，同时还要积极与当地政府和各类组织达成合作。

9.3.2 农业休闲旅游：产业融合的绝佳代表

近几年，很多地区大力发展乡村旅游，希望进一步强化旅游业对乡村的带动作用，积极引导农民通过农家乐、民宿等形式发展旅游业，尽快实现增收致富。乡村旅游凭借优美的环境、地道的美食、淳朴的民风，给人们带来舒适体验，也给农民带来丰厚的收入。

溪边玩耍、体验农耕、享受民宿、品尝美食都可以通过乡村旅游成为现实。现在乡村旅游已经成为新潮流，受到很多游客的青睐。而且，乡村旅游产品也在不断增多、产业体系进一步完善，游客可以感受个性化、多样化的旅游体验。

物联网已经自然而然地融入人们的生活，由其带来的营销模式也受到了人们的广泛关注，影响着旅游行业的发展。以往人们出门旅游，目的地大多都是一些名胜古迹。但随着物联网的发展，人们可以在线上更深入地了解世界各地。这时人们再去旅游，多半都是冲着那些独具特色的地区与城市。

许多乡村也借助物联网提升了自身的经济发展水平。而且，与传统的广告推销相比，这种线上营销的成本更低、范围更广、影响力更强，更适合那些愿意发展旅游业的乡村。与此同时，物联网、云计算等新一代数字技术也帮助乡村对建立起全方位、立体化的感知体系。我们可以将相关信息进行收集与整合，将信息化、数字化渗透到乡村旅游的各个环节，为游客、企业、政府等一系列利益相关者提供服务。

9.3.3 农业信息服务：精准感知有效数据

实时掌握农业生产的各方面数据是许多农民的愿景。传统农业无法建立这种信息传输机制，主要原因在于网络资源有限，响应机制延迟频率高、时间久。而在现代农业中，发展迅速的物联网可以依靠传感器收集信息。以农业气象监测系统为例，它是由传感器、采集器、支架、气象后台四个部分组成，是用来收集天气信息、掌握环境变化的工具，如图 9-5 所示。

图 9-5　农业气象监测系统

传感器是农业气象监测系统最核心的部分。它能够监测所有环境数据，包括风速、雨量、温度、湿度等，这也是其最重要的功能。不同的功能需要配备不同的传感器，这些传感器彼此独立，互不影响。下面以水产养殖为例来说明，如表 9-1 所示。

表 9-1　养殖场传感器及环境参数

传感器	环境参数
水温传感器	养殖场水温
pH 值传感器	pH 值
溶氧含量传感器	溶氧含量
浊度传感器	水质浑浊度
电导率传感器	电导率
亚硝酸盐含量传感器	亚硝酸盐含量
……	……

水产养殖控制系统通过各种传感器实时获取数据。例如，通过水温传感器获得养殖场水温、通过pH（酸碱度）传感器获取pH值、通过溶氧含量传感器获取溶氧含量等。

在现代农业生产中，传感器越来越受到农民的青睐。但部分厂家生产的农业传感器质量良莠不齐且性能不稳定，寿命极短，反而会影响农业的生产效率。因此，对于广大农民来说，选择合适的传感器非常重要。农民在选择传感器时主要从材料和稳定性两个方面出发。

1. 材质

因为大棚里的温度和湿度都非常高，所以传感器的材质要做到防水、抗腐蚀、耐高温和防真菌。例如，目前被广泛应用在农业领域的陶瓷电路板和陶瓷基板就是比较稳定的材质，不仅抗腐蚀，而且热膨胀系数比较高。

2. 稳定性

传感器的稳定性的高低决定其是否可以及时传输数据。农民在选择传感器时要尽量选择稳定性高的。因为传感器大多都放置在田间，人工操作起来非常不方便。如果农民需要经常请专家校正传感器，那么会耗费大量的人力成本，传感器的便捷性也会受影响。

·第10章·

智慧城市：打造"数字大脑"

随着物联网等新一代技术的不断发展，越来越多产业和应用场景变得更智能。当城市有了"数字大脑"后，世界会发生怎样的改变。本章便带大家一探究竟。

10.1 智慧城市：区域创新模式

智慧城市将以物联网代表的技术与城市融合，对人们的生活与工作、企业的经营与发展、政府的行政管理与安防进行自动化感知、分析与集成，从而为整个社会提供更美好的服务。现在很多区域都在积极打造智慧城市，用物联网让城市更美好。

10.1.1 智慧城市建设迫在眉睫

现在很多国家都在积极建设智慧城市，希望让人们的生活更美好。所谓智慧城市建设，就是从日常的衣、食、住、行等方面入手，为我们建构一个更自由、美丽、便捷的生活环境。智慧城市的设想是物联网发展的必然要求，是"技术让生活更美好"的具体践行。

2021 年，我国各大城市竞相角逐智慧城市的头衔，最终选出了上百个极具代表性的智慧城市，如表 10-1 所示。

表 10-1　智慧城市排行榜

排名	城市	排名	城市	排名	城市	…	排名	城市	排名	城市	排名	城市
1	北京	23	沈阳	45	泉州	…	221	衡水	243	鹤壁	265	濮阳
2	深圳	24	昆明	46	金华	…	222	七台河	244	怀化	266	昭通
3	上海	25	中山	47	新余	…	223	齐齐哈尔	245	崇左	267	商丘
4	广州	26	威海	48	吉安	…	224	清远	246	伊春	268	安阳
5	珠海	27	无锡	49	肇庆	…	225	绥化	247	来宾	269	武威
6	杭州	28	西安	50	银川	…	226	葫芦岛	248	榆林	270	鸡西
7	南京	29	济南	51	舟山	…	227	新乡	249	松原	271	沧州
8	南昌	30	太原	52	株洲	…	228	菏泽	250	酒泉	272	四平
9	武汉	31	长春	53	铜陵	…	229	临沧	251	荆门	273	黑河
10	苏州	32	佛山	54	连云港	…	230	忻州	252	娄底	274	达州
11	厦门	33	莆田	55	秦皇岛	…	231	贵港	253	漯河	275	曲靖
12	青岛	34	南通	56	绵阳	…	232	滨州	254	通辽	276	周口
13	成都	35	常州	57	衢州	…	233	贺州	255	驻马店	277	百色
14	大连	36	绍兴	58	台州	…	234	呼伦贝尔	256	吕梁	278	运城
15	福州	37	哈尔滨	59	呼和浩特	…	235	开封	257	亳州	279	焦作
16	合肥	38	兰州	60	泰安	…	236	金昌	258	临汾	280	白城
17	重庆	39	芜湖	61	惠州	…	237	许昌	259	资阳	281	朝阳
I8	宁波	40	镇江	62	泸州	…	238	商洛	260	信阳	282	定西
19	长沙	41	南宁	63	六安	…	239	铁岭	261	鹤岗	283	嘉峪关
20	天津	42	贵阳	64	上饶	…	240	聊城	262	固原	284	邢台
21	郑州	43	烟台	65	盐城	…	241	南阳	263	巴彦淖尔	285	陇南
22	东莞	44	温州	66	鹰潭	…	242	普洱	264	河池	286	庆阳

智慧城市建设不是凭空产生的。它需要两种驱动力的推动，才能够逐步形成。一是新一代的信息技术，包含物联网、云计算的应用以及大数据的普及；二是开放的城市创新生态。前者是技术创新的结果，后者是社会环境创新的结果。

总之，智慧城市的建设离不开技术与社会的双向支持。智慧城市在生活中有很多具体应用。例如，利用物联网对城市红绿灯以及摄像头进行联网智能监控，帮助相关人员实时了解城市交通状况。同时，强大的云计算能力能够合理规划红绿灯的时长，从而有效缓解城市拥堵问题，最终使城市的运行更高效、便捷。

智慧城市的核心能力是一种自我学习、自我管理能力。它能够综合利用各类智能系统，通过物联网、大数据、人工智能等技术对海量数据进行优化处理，从而达到深度学习的目的。在完成深度学习后，智能系统可以为整个城市的综合管理、基础资源的合理配置做出最人性化、科学化、智能化的决策，进而让我们的生活更美好。

在我国，建设智慧城市不仅是技术提升的要求，更是实现社会可持续发展、城市可持续发展的要求。为了让我们的城市更健康，使我们的资源更充沛、空气质量越来越好、交通更方便与快捷，各国都应该想方设法全力打造智慧城市。

10.1.2 建设智慧城市的三个原则

近几年，我国的城镇化建设取得了非凡成就，城镇化建设步伐不断加快，越来越多农村人口涌入城市，城市居民数量越来越多。但是城市居民数量不是衡量城镇化的唯一因素。我们还要综合考虑城市人口的整体素质，以及城市的自我提升能力、净化能力。

通过智慧城市建设，我们能够对城市进行更精细化和智能化的管理，进而减少环境污染，避免不必要的资源消耗，逐步解决交通拥堵的现象并逐渐消除城市中的各类安全隐患。最终我们就能够实现城市可持续发展，使我们的城市变得更智慧。

智慧城市的目标是美好的，但践行的过程是曲折的。在建设智慧城市的具体过程中，我们必须遵循以下三个原则。

原则 1：充分利用好物联网、云计算等技术。只有在科学技术的基础上，我们的智慧城市建设才会有不竭的动力来源。

原则 2：始终坚持以人为本、科学管理的理念。智慧城市建设的最终目的就是要使我们的生活更美好。我们在智慧城市建设过程中，只有运用更精细化、动态化的方式来对城市进行服务和管理，才能不断增强城市的综合竞争力和整体实力，人们的幸福感才会提升。

原则 3：进一步优化资源配置，构建和谐城市。只有做到资源的合理分配，人们才会觉得更公平，生活也才能更和谐。

综上所述，智慧城市建设是时代的大势所趋。但智慧城市建设需要一步一个脚印，稳扎稳打。一方面，我们要打好技术关，另一方面，我们要打好社会环境关。

10.2 物联网推动城市基础能力提升

随着物联网的诞生和崛起，智慧城市进入了以物联网为城市神经网络的新时代，旨在实现城市的全方位信息化，提升城市基础能力。物联网在城市中的主要应用场景为智慧环保、智慧安防、智慧交通。物联网是实现智慧城市的基础，已经成为业界关注的热点。

10.2.1 智慧环保：不断优化环保工作

随着信息化趋势的加强和智慧城市的发展，经济部门有企业分布图、旅游系统有热力图，市政部门有地下管网 3D 图、公安系统有完善的天网系统等，这些都已经非常成熟且在实际管理中起到至关重要的作用的系统。物联网系统也可以结合地理信息技术，对相关区域的环境变化进行监测，不断优化环境保护工作，实现智慧环保，具体可以从以下四个方面进行说明。

（1）重点监控区域分布图：包括工业园区、建筑工地、垃圾焚烧厂、线性流动区域、国控点省控点、监测站等静态分布区域，每半年更新一次，属于基本数据库。

（2）动态区域分布图：包括激光雷达、水文水质等各区域立体数据的直观展现，此类数据根据监测数据实时更新，属于动态数据库，能多角度立体化呈现。

（3）执法资源分布图：包括执法人员、执法车辆、关键摄像头等，属于根据事件灵活调度的资源，及时快捷处理问题。

（4）突发事件分布图：包括紧急事件、污染源泄露、重要行动等，属于对于事件的实施跟踪、调度、处理等闭环信息。

此外，在大气监测和河道监测方面，物联网系统也可以发挥作用。大气监测和河道监测有涉及区域范围大、污染源种类多等特点，环保监管难度很大。传统的自动监测站占地面积大、建设成本及后期运营成本较高，很难进行大面积布点且无法探究污染源来源。即使采取监测站加密的方式来监控，监测数据也很难判断污染源扩散情况，更不能确定污染的源头。物联网系统可以很好地解决当下环境监测中存在的难题。

1. 大气监测

在无人机内部搭载高精度传感器，可以使其对大气中的 SO_2、NO_2、O_3、PM2.5 等含量进行同时监测，实现从地面 5 米到 200 米高度的立体空气画像的绘制，极大地提高了工作效率，解决了数据分析的扁平化及精细化等问题，为后续决策提供更多依据。

通过无人机搭载高精度传感器进行环境污染物立体数据采集、可见光实时图像传输及监测数据储存、环境污染物立体数据呈现、数据二维及三维可视化、横纵切面分析及方块数据呈现为一体的环境数据报告。

2．河道监测

无人机可搭载包括光电吊舱、倾斜摄影等设备，全天候对河道情况进行有效监控和巡查，同时也可搭载气体探测吊舱、采水装置等设备，在复杂环境下实现对河道流域的实时监测，保障沿河群众的生命财产安全。无人机在河道监测中还可以提供河道漂浮物、河道垃圾、偷排污水、非法采沙等问题的巡检报告。

环保是关系到生存环境的头等大事，除了在法律上进行污染源强化管理，通过物联网及时获取精准数据，利用大数据强化平台分析能力，确保统计数据的可靠性，也是提升环境监测工作的重要手段。相关人员借助技术可以实现全方位、无死角空中取证，灵活机动，方便快捷地监测大气、河道等生态环境及污染物排放，不留盲区死角。

10.2.2　智慧安防：无人机大显身手

为了更好地维护治安，提升城市居民的幸福感，国家出台了一系列有关城市安防的法规。同时，以安防监控技术为主要手段打造平安城市已经成为各地的重点工作。通过平安城市等体系的建设，城市安防管理水平有所提高，但仍有许多问题难以解决。

部分突发事件由于不能快速掌握信息、不能及时处理，在通信技术和媒体高度发展的今天，在网络上迅速传播，会造成严重的社会影响。以城市交通拥堵为例，发生拥堵现象的原因大多是交通事故、交通违法事件不能及时处理。无人机在智慧安防领域的应用，可以很好地解决这些问题。无人机交通违法抓拍业务流程如下。

（1）在无人机云平台上根据巡查路段规划航线并下发到无人机，设定巡查时间。

（2）无人机按照设定航线和时间自动起飞。

（3）无人机通过 5G 实时拍摄视频，并将视频传至交管系统进行实时分析。

（4）无人机上的传感器识别违法车辆，自动截取违法图片及违章车牌号传给交管系统。

（5）交管系统根据车牌查询车主电话并发送信息给违章车主，促其快速纠正违法行为。

（6）无人机执行完任务规划航线返航。

无人机处理突发事件的业务流程如下。

（1）获取突发事件现场的位置信息，无人机起飞，飞往现场。整个飞行过程使用 5G 网络控制飞行。

（2）根据现场情况从不同位置和角度拍摄，利用 5G 网络实时回传。

（3）根据无人机回传现场情况进行进一步处置。

融合 5G，利用无人机搭载的传感器和物联网设备，相关人员可以完成全天候的巡逻侦查、应急处突、搜寻抓捕、勘查取证、活动安保、交通违法、交通事故处理等任务。整个过程充分发挥了无人机低成本、高效率、灵活机动、留空时间长，载荷丰富等优势。

未来，当技术越来越成熟，无人机也会得到更大范围的应用。

10.2.3　智慧交通：机遇与挑战并存

物联网可以实现汽车的联网功能，让各车辆之间、车辆与各类设施之间可以实现无障碍通信进行信息的实时传递，使驾驶人员能够了解道路上出现的问题，或者根据相关信息预估未来将要发生的问题。

通信功能的实现可以缓解交通拥堵带来的压力，并且对道路情况与天气状况进行检测，减少交通事故的发生。车辆通过物联网可以实时监控路面信息，并且与目标车辆实现信息传输、实时通信等功能。驾驶人员可以根据前方行驶车辆的状态确定自己的行驶方式与路线，保障了驾驶的安全性。5G 还可以保障车辆上网与数据下载等功能，而且设置了车内传感器，进一步提高了安全性，也促进了车联网的发展。

由此可见，物联网与 5G 应用于交通领域可以给人们带来与众不同的出行体验，保障人们的出行安全，同时为构建智慧交通体系，创造智慧城市提供强有力的保障。目前智慧交通的发展还存在一些难题，需要企业在以后的研发中逐步解决，以实现其商业落地。

智慧交通的难点一方面来自交通系统自身的复杂性，另一方面来自技术的不成熟。交通系统往往由人、车、路三要素组成，三者相互关联、相互影响。驾驶人员控制车辆向目标前进，同时要遵守交通规则。车辆受道路环境的影响，其动态特性在一定程度上影响了车辆的路径。人、车、路的复杂关系导致交通系统难以管理，其原因主要包括以下三个方面。

（1）交通系统容量难以确定。交通系统的容量受车辆性能、驾驶情况、气候条件、道路管理的影响，其容量难以确定。

（2）交通系统出行需求变化灵活。在出行需求方面，由于车辆来源与去向、出行目的不确定等因素，再加上出行者的出行变化十分灵活，导致交通系统难以管理。

（3）交通系统出行路径及方式灵活。出行路径及方式取决于出行者的主观意识，具有灵活多变的特性，其不可控的性质增加了交通系统管理的难度。

总之，交通系统具有不确定性、不可测、不可控等特点，在打造智慧交通的过程中，这些都是制约其发展的因素。而且，智慧交通的实现还依托于物联网、大数据、5G等先进技术，但目前这些技术还处于发展阶段。未来企业还需要加快研发脚步，让这些技术更成熟，这样才能使智慧交通得到更好地应用，普及更多地区。

10.3 物联网为智慧城市增添"技术力量"

基础设施往往遍布城市的每个角落，如街道、楼宇等。如果政府想让城市安全、稳定地运行，就必须管理好这些基础设施。物联网可以助力政府，推动智慧城市形成，让政府在社会管理与服务、照明管理、购票管理等方面做出更亮眼的成绩。

10.3.1 物联网在社会管理与服务中的应用

物联网的发展及信息时代的到来将改变社会管理与服务，加速智慧城市的建设进程。智慧城市的形成是建立在各项技术的基础之上的。首先，我们需要建立一个基于大数据和物联网的城市中心和包含政务、城市管理等的综合信息服务平台；其次，我们需要研发智慧应用，使技术更好地融入生活；最后，我们需要打造智慧城市的统一生态链。

物联网应用于智慧城市可以极大地为社会管理与服务带来变革，在这个方面，阿里云做得非常好。我国科技部门曾经明确强调要依托阿里云建设城市大脑、搭建智能创新平台。阿里云的城市大脑以物联网、云计算、大数据处理平台为依托，结合机器视觉、拓扑网络计算、交通流分析等技术，在智能系统中实现城市海量数据的收集、实时分析和智能计算。

阿里云的城市大脑具备全球智能系统，具有信号灯优化、交通信息实时感知等功能，并孵化出了一系列领先技术。城市大脑的成绩是十分优秀的，例如，在杭州主城区，城市大脑平均每天报警超过 500 次，准确率高达 90％以上。

阿里云的城市大脑还将向城管、旅游、平安、民生等几大领域拓展，逐步发展为智慧城市的"中枢神经"。从目前的数据来看，阿里云的城市大脑已经在全球范围内的杭州、乌镇、苏州、重庆、吉隆坡等城市先后落地，都取得了很好效果。

未来，智慧城市会让我们的生活变得更高效。城市大脑会涉及生活的方方面面，并扩展到更多城市，更全面、更广泛地改变社会管理与服务。

10.3.2　加强照明管理，让灯与城市相连

智能照明系统可以实现"用一盏灯连接一座城"的目标，让人们的生活更规律、安全、便捷。物联网的普及会带动智慧路灯行业的大发展，促进新技术的应用和智能照明的运营管理。智能照明是发展智慧城市的突破口，能够运用物联网实现"用一盏灯连接一座城"的伟大壮举。

三思集团已经开始着手研究智能照明系统，并且在很多地区已经落地应用，成了业内的参照标准。北京城市副中心的智能照明系统就是三思集团的成功案例。北京城市副中心的建设是为了缓解北京人口密度大，城市压力大等问题，也是促进京津冀一体化的重要举措。它本着高等级标准、基准起点高、水平层次升级的原则进行建设，力求建造成为新型智慧城市。

北京城市副中心在行政区域的众多道路上植入了三思集团的智能照明系统，提升了照明管理工作水平，使其更具智能化。智能照明系统的电线杆具有很多功

能，如为电动车充电、让用户的手机顺利连接 WiFi、实时监测道路的情况等，还可以将数据上传到中心处理器，检测空气质量，外部温度，风速气压等。这些对北京的智慧城市建设具有深远意义。

智能照明不仅为城市提供照明服务，还能满足人们对工作与生活的更多的需求。未来，智能照明的普及将极大地推动智慧城市的发展。

10.3.3 帮助各地提升购票效率

物联网深入城市场景的另一个重要表现是购票效率的进一步提升，阿里巴巴是这方面的先行者和引领者。在上海，阿里巴巴成立了第一家智慧交通站，如图 10-1 所示，人们通过该智慧交通站购票和出行，不需要花费很长的时间，整个流程的效率非常高。

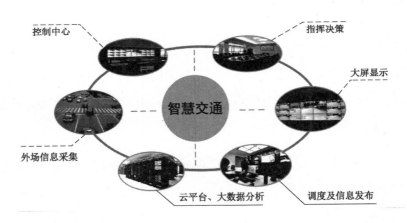

图 10-1 智慧交通站

在智慧交通站，人们可以通过语音购票、利用刷脸的方式进站，不需要拿出手机。因此，即使地下信号特别差，也完全不会影响人们的出行。如果支付宝中余额不足，人们还可以选择先进站后支付费用，这极大地便利了人们的出行。

从整体上来看，智慧交通站的出行主要包括三个环节。

首先是语音购票。

人们在购票时不需要说出站点和路线，而是直接说出目的地即可。例如，你只要说出"我想去水上公园"，那么售票机就会自动为你推荐站点和路线。等到语音确认后，你就可以完成购票，整个过程大概只需要花费几秒钟。另外，如果你想更换购票数量，那也只需要语音操作即可。例如，当你说出"把购票数量改成三张"后，售票机就会自动回复"已改成三张"，然后你只需要扫码支付相应的费用即可。

其次是刷脸进站。

完成语音购票后，人们就可以利用刷脸的方式进站。因为新型的进站闸机上有一块屏幕，这块屏幕可以完成刷脸工作，所以人们不需要停留，也不需要拿出手机，这大大缩短了进站的时间，提升了进站的效率。

最后是智能客流分析。

阿里巴巴为智慧交通站提供了智能客流分析服务，即根据刷脸数据等各种关键数据，对各个区域的客流量、客流速度、客流密度等进行分析，从而缓解拥挤现象，帮助工作人员进行便捷、有效的交通疏导。例如，当某个区域的客流量过大时，系统就会迅速发出预警，工作人员就可以关闭相应的进站口以防止踩踏事故的发生。

很显然，物联网深入日常生活场景已经是不可逆转的趋势。在全国公共交通客流量大幅上涨的今天，这样的趋势非常有价值。对于人们来说，在乘坐公交或者地铁时，忘记带充值卡、充值麻烦、余额不足等都是痛点；对于公共交通运营商来说，假币泛滥、现金清点成本高、现金管理不便等也都是痛点。

如今，智慧交通在很大程度上消除了以上痛点，人们的出行会更简单、便捷，公共交通运营商的运营效率也会不断提升。可以预见，技术升级为我们带来了一个全新的智慧城市时代，未来还将有更多像阿里巴巴这样的企业加入这个阵营。

· 实 战 篇 ·

物联网变现与运营指南

·第 11 章·

商业本质：物联网与十万亿级市场

> 与其他新兴技术一样，物联网作为一个高度技术化的领域，难免面临着重大挑战。但同时，我们也要承认，物联网背后有十万亿级市场，这对于企业来说有着极大的诱惑力。未来，当物联网应用于越来越多行业，其潜力将呈现爆炸性增长。

11.1 物联网的商业落地逻辑

任何技术的商业落地都不是一蹴而就的，物联网当然也是如此。虽然，现在发展物联网已经是一种时代潮流，国家的政策也会逐渐向这个方向倾斜，但如果企业盲目地进行技术研发或者商业投资，那么也是十分不明智的行为。企业要了解物联网的商业落地逻辑，综合考虑三个维度，分别是领域维度、时间维度和成长维度。

11.1.1 领域维度："全面开花"模式

我们不得不承认，物联网不是一个纯粹的行业，而是一个需要与其他行业协作的行业。它能够为其他行业的发展提供智力支持或者技术支撑，从而为社会创造出更大价值。在物联网时代，只依靠人工劳动的行业越来越少了。在农业社会，我们的许多行业都是纯粹的需要人付出劳动的行业，如种植业、畜牧业、捕鱼业等。这些行业只要凭借人类的劳动能力就能维持发展。

而如今就大大不同了，公路、高铁的兴建除了需要各行各业的人才参与外，还需要各项高新技术的联合使用。总之，这是一个需要全方位合作的时代。只有合作，才能汇集人才、技术、资金等要素，为社会的发展做出更大贡献。

在物联网不断发展的今天，该技术也不可能成为一个独立的领域。如果物联网只是一个独立的领域，那么十年后，我们的物联网产品估计还会停留在现在的水平。所以，物联网要尽快实现商业落地，而且商业落地的领域不能局限。

我们不仅要在农、林、牧、副渔等行业进行物联网的商业落地，还要在产品制造、交通、物流、医疗、教育等领域进行商业落地。总之，物联网只有做到跨领域、全方位地商业落地，才能满足不同行业、不同人群的需求，才能把自身的发展效果做到最大化。

既然领域维度已经明确了，那么，物联网如何在各行业进行落地生根、开花结果呢？

其实这就需要我们综合运用大数据，进行深层次的市场挖掘。在此基础上，进一步发挥我们的创造力，研发新的产品，满足人们的需求，实现产品的价值。例如，在电商行业的小学生图书消费领域，我们可以借助淘宝的信息，分析小学生都喜欢读什么种类的书籍，或者分析小学生必读的书籍。从而根据他们的需求，制作出一些故事讲解机器人。

这类机器人不是冷冰冰的机器，而是多才多艺的达人。大数据为它们提供了海量的优秀故事、各地的方言以及各种富有魔力的嗓音；物联网为它们提供了更清晰的逻辑，让它们能够更轻松地与儿童进行互动和交流。在技术的助力下，它们能够很容易与儿童打成一片，成为孩子们的最真切的老师或者玩伴。孩子们也可以有一个更烂漫、充实的童年生活。

物联网能做的事情还有很多。只要是存在大数据的地方，只要借助高级的算法，我们就可以充分发挥我们的主观能动性，让物联网在各个行业、各个领域走向繁荣。

11.1.2 时间维度：时间差与递变规律

综合地看，物联网由研发到实现商业落地，大致需要考虑两个时间维度：一是新技术在开发期不能立即投入商业生产，需要一定的时间差；二是目前的技术水平不能满足人们更为多元化的需求，新技术在商业落地时，也遵循着从低级到高级的递变规律。

一方面，任何新技术从发明到实现商业落地总是存在着时间差，因为成功的商业化运营总是建立在技术的基础上。例如，在蒸汽机发明前，人们的商业贸易往来仅仅局限于小范围区域，通常都是通过马车在乡镇之间来运输产品；当轮船、飞机发明后，人们的活动范围开始扩大，全球化商业运营逐渐成为一种趋势；在互联网发展后，我们的商业区域又来了一次大变革，我们由线下运营逐渐转到线上运营；如今物联网的发展已经成为大势所趋，我们的商业模式也必然会迎来一系列的新变化。现在，无人售货的商业运营模式初见端倪。同样，这一运营模式也是基于物联网的发展和应用。

技术进步只是商业运营的第一步。有了技术，凭借技术发展一种新的商业模式，创造竞争优势，才是商人的必备技能。如今，物联网在传感器、云计算、神经网络、硬件芯片等方面不断突破。当然，在物联网时代，成功的商业运营模式必然也离不开这些技术。总之，物联网的迭代更新是让其从技术层面走向商业化层面的基石。

目前，由于物联网发展的有限性，其在应用层面往往还停留在金融、交通、零售等不太复杂的层面，还不能满足人们更多元化的需求。这也证明了物联网发展的另一个时间维度，技术水平难以满足人们的需求。

物联网的商业落地也需要遵循时间顺序，由低级到高级不断进行递变。物联网在商业落地早期，也许不能满足我们更多元化的目标，但我们可以一步步地进行尝试直至做到更好。现在，物联网已经在物流、医疗等领域做出了成功的商业实践。

接下来，物联网相关的科技工作者需要结合人们的真实需求，使物联网在认知层面、决策层面、甚至创作层面，逐渐进行升级；商业经营者也需要不断创新商业运营模式，为物联网的商业落地提供一个更自由、良好的商业环境。

11.1.3 成长维度：用战略眼光分析问题

从商业落地的成长维度考虑，目前物联网的技术水平只能停留在比较浅显的领域。在认知、决策、创作等更深入的领域，我们的研发能力还有限，更不用谈商业落地了。面对这种情况，我们就需要有长远的眼光，不仅仅只是看眼前的"一亩三分地"，而是需要培养自己的深度思维能力，让自己的产品能够引领未来五至十年的需求。

在物联网的技术深度上，我们需要不断钻研更先进的算法，提高机器的综合能力，特别是综合思考能力。此外，物联网的商业落地还要求我们必须在产品的深度上培养自己的战略眼光。我们可以通过以下三种方法促进物联网的深度发展。如图 11-1 所示。

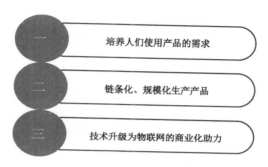

图 11-1　建立物联网深度的方法

1. 培养人们使用产品的需求

要想让产品获得发展，首先要培养人们的使用习惯。具体做法是向人们普及物联网知识，为物联网正名。所谓正名，就是让人们对物联网的发展有一个乐观、积极的态度。目前，社会上仍然有很多人反对发展物联网，甚至一些科学家也对物联网发展持消极态度。

我们在进行物联网商业落地时，需要将相关产品的便利性做出详细解释。当人们真正得到实惠后，就会逐渐接受使用这些产品。

2. 链条化、规模化生产产品

所谓链条化，就是要建立起产品的产业链条。物联网作为一项技术，几乎可以融入任何领域。以影视生产制作为例，来具体讲解物联网是如何链条化的。在影视作品生产过程中，导演或剧作家可以利用大数据了解人们的观影需要，制作更能满足人们精神需求的作品。在影视作品生产的下游，我们可以把影视作品中的形象，做成各种各样的手办或纪念品，进一步进行商业开发。

所谓规模化，就是要联合各种要素（包括区位要素、原材料要素、人才要素以及技术要素等），把产品的成本压缩到最低，扩大生产，从而满足多元化的市场需求。

3. 技术升级为物联网的商业化助力

产品要越来越先进，就需要算法越来越先进。只有在算法上进一步发展，我们的产品的功能才会越来越多元化、个性化、智能化，才能在认知、决策以及创作领域得到人们的认可。这样，我们的产品才会获得更长远的发展。

综上，只有在满足需求、规模化生产、技术升级的协同带动下，我们的产品才会更多元、更能适应市场需求，获得更长远的发展。

11.2 竞争核心：企业到底在比什么

不少政府领导、商界大咖和科研人才都认为物联网将引领下一轮技术变革。愿景是美好的，但研发生产、商业落地的过程并不会总是一帆风顺。企业要不断提升自己的竞争力，满足用户的真实需求，为社会做出更大贡献。

11.2.1 抢占 To B 领域带来的变现机会

相关资料显示，在我国，To B 领域的企业比例大幅上升。这主要是因为 To C 领域已经出现了太多巨头，企业要想崭露头角确实不是那么容易。于是，面对着 To B 领域背后的大量创业机会，很多企业都将目光锁定在 To B 领域。

过去很长一段时间，我国的企业大多不重视 To B 领域，导致该领域发展比较缓慢。但近些年来，很多企业开始根据市场需要，将发展模式由原来的重销售逐渐转变为现在的重产品和重服务。与此同时，To B 领域的投资者和创业者也开始回归理性，To B 市场整体趋好。

目前，面向 B 端的科技企业单个规模相对较小，To B 的普及似乎还需要一段时间。但不得不说，大部分企业已经意识到通过技术提升效率的重要性，这进一步扩展了 To B 领域的增长空间，也让企业在 To B 领域的顺利落地成为可能。

于是，以 BAT（百度、阿里巴巴、腾讯）为代表的科技巨头纷纷在 To B 领域布局，国外的投资机构也会根据国内 To B 市场的兴起和全球配置资产的需要将橄榄枝抛向我国。也就是说，我国的创业者非常有可能得到大规模融资，To B 企业的整体价值也将会提升。

神策数据是一家为企业提供大数据分析平台的企业，其创始人桑文锋曾在百度的大数据部门工作过 8 年。在创立的 4 年时间里，神策数据已经拥有超过 500 位客户，其中不乏万达、小米、银联这样的大型企业和明星集团。其服务范围包括电商、互联网金融、证券、零售等多个领域。到目前为止，神策数据已经获得了超过 4 亿元的投资。

兑吧是一家致力于为客户提升运营效率的企业，其年复合增长率曾经高达 372%，目前已经实现规模化盈利。艾瑞咨询发布的数据显示，目前在兑吧的 SaaS 平台上注册的移动 App 数量已经达到上万个，这让兑吧顺利进入了 To B 发展的快车道。

我国 To B 领域的融资越来越多，该领域正处于稳定发展阶段。To B 和科技企业的进化，再加上 BAT、神策数据、兑吧等一系列经典案例，都让我们有理由相信，To B 的商业价值已经被充分挖掘出来，To B 的普及在不久的将来就会实现。这不仅会颠覆传统的合作与交易方式，还会开启一个智能互联的新世界。

11.2.2 构建数据优势，打赢数据之争

从全球范围来说，在物联网时代，中国、美国、印度、巴西、俄罗斯、日本等国家拥有庞大的应用场景。这些国家具备了两个特点，一是国际影响力大，二是人口众多。这些国家的数据入口之争会非常激烈。谁掌握了数据入口，就相当于谁掌握了制胜法宝。

在我国，QQ 的普及率很高，微信通过 QQ 强势导流，快速占领市场并取得移动社交领先地位。因为微信占据流量、数据入口，拥有强大的引流能力，所以如果腾讯想再建立一个能与微信匹敌的其他超级应用，只需要联合 QQ 与微信就可以做到。

如今，竞争场景在慢慢扩大，物联网时代的竞争会以电视、汽车、可穿戴设备等为核心，这些都是针对终端的抢夺。后台关于战略的布局是大家看不到的，这是背后的较量。但是所有一切，都是为了占领数据入口。未来的世界一定是依靠数据决策的。

与之前的电视相比，智能电视更智能，只需要数据为我们做决策就可以了。如果企业想知道用户的喜好，只需要去看一下系统统计的数据，就可以分析出用户的年龄、习惯，甚至知道用户下一步会做什么。在大数据面前，企业比用户更了解用户，这就是数据入口之争的价值。为什么打车软件在疯狂补贴用户？为什么美团亏损而资本还在扶持它？因为大家看到了数据入口。数据入口只要与钱挂上钩，那么离赚钱的时刻就不远了。

之前由于银行业的存款利率较低，各种理财产品开始抢占理财市场。于是，理财机构展开抢"宝"大战，仅余额宝一家就疯狂吸金 7000 多亿元。物联网时代，理财产品有了更广阔的发挥空间，互联网金融已经诞生，物联网无人银行

指日可待。

从目前的情况来看，新兴的数据入口很多，主要集中在以下五个领域。

1．衣、食、住、行等服务领域

企业可以通过和商家建立合作，吸引大量的用户，进而再让更多商家入驻。当然，也可以先不直接和商家建立商业关系，只做到信息层，吸引到足够用户后再建立销售队伍快速击破已经获益的商家。在日常生活的每个细分领域，借助物联网的互联、即时等特性，企业可以获得更优质的信息服务，更好地满足用户需求。

2．医疗领域

现在，医疗领域的产业链由移动运营服务商、信息平台提供商、医疗设备制造商、医疗应用开发商组成。在移动运营服务商、医疗设备制造商这两个环节，由于成本和营业许可等因素，科技企业较难涉足。但基于庞大的用户基数和互联网基因，在信息平台和医疗应用的开发上，新兴的科技企业存在大量机会。

3．手机游戏领域

随着iOS、Android的普及，手机游戏已经成为全民大众的娱乐方式。出于对碎片时间的充分利用的需求，人们对触屏的依赖程度会逐步加大。随着更多高品质游戏的诞生，不少用户会选择将更多精力和时间投入到移动娱乐产品上来。

4．垂直细分领域

现在很多企业都在致力于平台建设，但是百度、阿里巴巴、腾讯等科技巨头已经把平台市场占领，新兴企业脱颖而出的可能性比较小。英特尔投资合伙人许盛渊认为，较晚进入物联网领域的中小企业在垂直领域可能会有更多机会。

房地产、汽车、旅游等垂直领域催生了一些很有价值的企业，并且这个趋势将通过移动和社交两大因素进一步深化。在法律、体育、生活信息等更多垂直领域，企业也存在大量机会，如陌陌、抖音、小红书就是很有代表性的例子。

5．移动广告领域

由于移动终端的独占性、深入互动和定位到人等特征，移动广告在品牌识别、品牌偏好和购买意愿等方面的效果超过传统广告。不少专家都认为，移动广告将成为物联网的收入之一，但企业在短期内要有足够的耐心。搜索广告需要很长的培养期，而效果更难衡量的移动广告真正显现出威力可能还要三至五年的时间。

物联网正在掀起行业变革的巨浪，这项变革并非一些软硬件的堆砌，而是深入分析和挖掘其本身所蕴藏的价值。大数据、云计算、人工智能为代表的技术使那些原本很难收集和使用的数据开始变得触手可及，企业升级转型也更值得期待。

11.3 变现法则：物联网确实有利可图

目前，市场上的物联网项目非常多，此类项目也确实有一些盈利空间。但是，企业不能盲目入局，要想清楚自己到底选择何种盈利模式，这样才可以更好地在物联网时代实现变现。

11.3.1 撰写物联网白皮书

"如何撰写一个物联网白皮书？"这句话在物联网领域已经不再稀奇。当 To B 业务成为赚钱的"金钥匙"时，可以提供物联网白皮书撰写业务的企业就是"金钥匙"外面的那层"金"。可以说，物联网的火爆催生了一个全新的 To B 业务——物联网白皮书的编撰。

那么，何谓白皮书？白皮书通常是政府发表的以白色封面装帧的文件。该文件讲究实事求是、立场明确、行文规范。物联网白皮书则不同于政府发表的白皮书，前者更像是一个商业计划书，可以帮助企业进行融资。通常一个合格的物联网白皮书应该包括以下五点内容。

（1）摘要。摘要是对物联网白皮书内容的高度提炼，可以让读者对物联网项目有大致了解。例如，世界上第一份物联网白皮书的摘要就简明扼要地提出物联网要解决的两个问题。该白皮书之后的内容都是围绕这两个问题展开。

（2）物联网项目解读。尽可能多地介绍物联网项目，阐述其在市场中的位置以及发展现状，并对其未来走向进行预测。

（3）资金使用计划。介绍该物联网项目所需要的资金及如何使用该笔资金。需要注意的是，在物联网白皮书中，我们必须清楚地说明所有资金都将用于项目开发和研究。

（4）开发路线图。在理想状态下，物联网白皮书应该包括未来12～24个月的工作计划，同时还要展示物联网项目的测试版本以及已经完成的任务。

（5）团队介绍。有经验的团队可以促进物联网项目的成功，决定物联网项目的发展方向。在物联网白皮书中，不仅要介绍物联网项目背后的团队，还要说明团队的作用和分工。

除了上述五个方面的内容外，物联网白皮书的风格、语言和排版也非常重要。首先，要使用正式的、专业的、带有学术色彩的风格进行撰写；其次，物联网白皮书中不能出现语法错误和拼写错误，要充分保证其准确性；最后，排版要合理、有序，至少得看起来舒服。

如今，很多企业已经推出了物联网白皮书编撰业务，而且也获得了市场的认可。另外，这些企业还可以进行海外广告投放，有的甚至能够为物联网项目创建百科词条。有些人认为物联网白皮书编撰非常复杂。其实，如果掌握了标准模板和方法技巧，这项工作将变得简单。

对于想入局物联网白皮书编撰的企业来说，提升自身实力、掌握市场现状和行业趋势非常重要。当然，为了提升物联网白皮书的质量，企业还应该聘请一些足够了解物联网的专业人士共同撰写，并配置丰富的媒体资源与流量矩阵用于宣传推广。

因为物联网白皮书中的内容必须真实、无误，所以企业要与客户保持密切联系，让客户参与到整个过程中。如果企业不和客户沟通，只是一味地为了提升物联网白皮书的吸引力而夸大事实，那么最后势必会损害自己的形象和信誉。

在价格方面，就目前的情况来看，物联网白皮书的价格基本上是根据实际需求和客户提供的数据制定的。另外，总字数、内容的详细程度、是否需要多语种翻译和路演 PPT 等因素也会影响物联网白皮书的价格。

在完成物联网白皮书编撰后，企业还应该将其推广出去。如今，大多数企业选择在自己的网站上发布物联网白皮书。还有一部分企业会把物联网白皮书发布在互联网平台上，如，GitHub（一个面向开源及私有软件项目的托管平台）、百度贴吧、知乎、百度文库等。

成功的物联网项目离不开优秀的物联网白皮书。物联网白皮书可以传递很多有价值的信息，这些信息是投资机构进行决策的依据。既然有些企业想通过物联网白皮书盈利，那就必须增强实力，细细打磨，为客户呈现出一个最有吸引力的物联网项目。

11.3.2　做物联网领域的自媒体

近几年，自媒体可谓是获得了爆发式发展，主打的是"内容为王""热点优先"。因此，对于物联网这一处在风口浪尖上的技术，自媒体当然会趋之若鹜。现在，有很多人都对物联网感兴趣，却苦于没有途径去深入了解该技术，这就为自媒体的发展提供了很好的机会。

于是，很多对物联网比较熟悉的自媒体就开始投身于这个领域。据统计，早在物联网刚刚火爆起来时，就已经出现了大量物联网自媒体。其中的一些物联网自媒体甚至在创建之初就获得了金额巨大的天使轮融资。从地域上来看，获得天使轮融资的物联网自媒体并不集中于北京、深圳等一线城市，而是分散在杭州、厦门、成都等其他城市。由此可以推断，当时物联网自媒体已经散布在多个城市，那现在其所在的范围肯定更广泛。

在这样的趋势下，越来越多物联网自媒体将会诞生，整个行业的利润也会更可观。这也是物联网自媒体看重的一个部分。在相关调查中，一个企业在创建了关于物联网的微信公众号后，不到 1 个月的时间就吸引了 6 个投资机构，而该企业的创始人也获得了丰厚的回报。

百度指数提供的数据显示，物联网的热度比较高，这代表它已经成为非常受关注的技术。此外，数据还显示，物联网的热度始终高开高走，甚至超过了当红明星。在这样的热度下，钛媒体、36 氪等科技媒体在关注这一技术，雷锋网、人民网等传统媒体也开始进行关于物联网的报道。

有调查机构统计，比较知名的物联网自媒体每个月的盈利可以达到上百万元至上千万元。即使现在市场有所回落，已经发展成熟的物联网自媒体也还是可以将盈利保持几十万元左右。这些物联网自媒体的盈利主要来源于有偿报道。例如，某物联网自媒体发表一篇文章可以获得 10 万元的报酬。如果发表的文章质量高、那还可以获得投资机构的巨额投资。

过去，市场上绝大部分都是泛领域媒体，这些媒体的关注面通常会比较大。而物联网自媒体的发展则说明，更垂直、关注面更窄的细分媒体将崛起，成为物联网时代的新宠儿。当然，现在也出现了与之相反的观点，即媒体不是越细分越好。

有些专家认为，做自媒体不能为了细分而细分。细分就意味着圈层更小、关注度更低，甚至会影响自身扩大和发展。而且，细分自媒体具有比较强的依附性，只有所关注的领域成为风口，才有机会得到资本的支持和认可。

其实上述两种观点都有一定的道理。无论是细分自媒体还是物联网自媒体都是获得盈利的方式，大家可以根据自身需求自由选择。当然，如果你有足够的时间、精力、资源，也可以围绕着物联网作扩展，即创建以物联网为核心的泛领域自媒体。

11.3.3 投资有前景的物联网项目

随着融资渠道的减少，以及发展空间的不足，物联网成为很多企业的"救命稻草"。然而，如何开发物联网项目、如何对物联网项目进行估值、如何获得融资等问题都离不开专业人士和机构的指导。一般来说，当领域有适当的"泡沫"时，创业者会不断涌入、资金的流动性也会大幅度提升。毫无疑问，物联网就是这样一个领域。

之前，天使投资者的主要作用是对物联网项目进行评估，但现在市场上鱼龙混杂，投资到好的物联网项目只是小概率事件。这时，就需要真正懂行的专业人士和机构参与。不过，现在投资者大多以 TMT（Technology-Media-Telecom，技术－媒体－通信）为主，很少会专注物联网项目；而垂直类投资者在决策方面的命中率会更高，同时也可以提供更完善的投后管理和服务。实际上，垂直类投资者就相当于孵化工场，只要命中一到两个物联网项目就可以坐收渔翁之利，掌握市场竞争的主动权。

另外，现在也开始出现一些专注于孵化物联网项目的母基金（FOF）。他们更倾向于投资 To B 业务。因为 To B 业务不需要太多资金，商业模式也比较成熟，还具有比较高的技术含量。更重要的是，与 To C 业务相比，To B 业务的估值通常要更高。

　　本节提到的三种关于物联网的 To B 业务可以给大家一些启示，但物联网领域的盈利方式绝对不仅限于此。对于找不到方向，不知道应该如何入局的创业者来说，这些 To B 业务比较好上手。但最终是否可以实现盈利，取决于对物联网领域的把握和自身既有实力。

·第 12 章·

运营策略： 迅速抢占用户的心智

无论哪个行业，谈到发展重心，从业者们最先想到的可能都是运营。物联网行业同样如此。物联网行业的从业者都想知道如何做好运营工作、制定完善的运营策略。因此，下面就来为大家分析，如何将物联网运营做得更出色。

12.1 物联网时代，企业如何实施运营策略

物联网时代已经向我们走来，实施适合自己的运营策略成为企业吸引用户的重要策略。企业要想快速发展，离不开长久的社群运营、技术型人才引进、保持耐心等方法。

12.1.1 进行长久的社群运营

目前，企业的官方运营手段几乎都有社群运营，而物联网作为一项正在发展的技术，讲究的也是长久运营。社群运营是一项看起来相对简单的工作，但其中蕴含很多技巧。对于一名优秀的社群运营人员来说，一定会将定位、规则、价值、

互动等方面的打法掌握得炉火纯青。

首先，运营团队要对社群运营有一个正确认识。社群运营有垂直度高、转化率高和用户距离感弱等优势，是企业或者个人和用户直接产生关系的途径。其操作关键点包括以下四个方面。

1．明确社群定位

随着物联网的发展，很多企业都纷纷参与到社群运营中来。但无论是哪个行业，无论企业还是个人，社群都需要有明确的定位。社群定位是很关键的环节，例如，企业要想打造一个物联网产品，那就一定要想明白，这款产品能够为用户提供什么样的价值。

在社群建立之初，运营团队还需要通过分析用户群体对社群进行定位。用户如果能够进入这个社群，那就说明他们对这个社群有需求、感兴趣。而且，社群存在的价值就是要解决用户的某些问题，为用户提供独有价值，这样社群才有意义。

2．明确社群规则

社群是一个系统，需要根据组织架构、发展阶段等特点定制具体的规则。运营社群时，运营团队在制作群公告时，仅仅是对不能在群内发布的内容做规定。这是一个非常错误的做法。这样创建的社群只能称为一盘散沙。因为从系统角度来看，社群是由相互联系的人组成的，是可以达到某个目标的整体。如果一个社群没有连接性，那就更别谈实现目标了。

3．持续提供价值

要想一个社群保持活跃、留存度高，团队需要为用户提供他们想要的价值，方法一是做好内容输出，二是策划优质活动。

4. 最好的社群运营是自运营

每当企业建立一个社群，这个社群里一定会有表现相对活跃的人。这些人喜欢表达自己的想法，可以主动维护社群氛围，是社群的核心用户。核心用户在整个社群中充当了管理员的作用。一般核心用户是团队的直接联系人，需要对普通用户进行管理与满足其需求。

除了要管理普通用户，核心用户还需要在社群中制定相关的规则，如进群的要修改群内的昵称、不能发广告等，通过规则来维护社群的稳定性。当然，在社群中引出话题、活跃气氛也是核心用户需要做的。

企业在发展社群时一定要注重运营的适度性，否则就会适得其反。例如，之前某企业在社群方面的宣传太过强势，导致其他企业难以发声。这种过度营销确实为企业吸引了一大批粉丝，但由于该企业产品达不到人们的预期标准，再加上技术延期等因素，粉丝对其失去了信任，导致其截至目前，该产品还处于一蹶不振的状态。

所以，作为社群的开发者和运营团队，大家还是应该将主要力量放在技术研究上，营销只是一部分。当企业的技术足够先进，研发出来的产品足够优质后，社群自然也会随之受到大批用户的关注，在物联网市场上占据优势地位。

12.1.2 制定技术型人才引进方案

相关数据显示，近几年，市场对物联网人才的需求正在变得越来越强烈，而现实情况则是，物联网人才总量比较少，仅相当于人工智能人才总量的 2% 左右。对于企业来说，赢得竞争的关键在于不断提升技术水平，引进和培育更多技术型人才。只有这样，企业才可以为物联网市场提供技术和人才支持，进而使物联网应用得到进一步发展。

现在，企业对物联网人才的争夺已经十分激烈。为了招揽更多物联网人才，企业不惜为他们提供百万甚至千万的年薪。但不得不说，在物联网成为行业标配的同时，物联网人才也变得可遇不可求。现在市场上一共有三种层次的物联网人才。

首先，是第一级物联网人才。他们可以自己搭建物联网框架和进行前沿性研究。在全球范围内，这种类型的物联网人才都是非常稀缺的。

其次，是第二级物联网人才。他们也许无法自己搭建物联网框架，但是可以在比较成熟的物联网框架上完成适配和改进，并对物联网项目进行定制化调整。随着培训体系的不断完善，这类物联网人才的数量有了一定程度的增多。

最后，是第三级物联网人才。他们只能在已有物联网框架的基础上进行参数调整。这类物联网人才的数量比较多。而且，即使是从来没做过与物联网相关工作的人，通过公开课或培训也可以完成这样的工作。

在上述三种类型的物联网人才中，第一级物联网人才是当前稀缺的。因为他们可以帮助企业解决根本性问题，推动物联网的不断完善和进步。因此，企业应该做的事是，招揽和培育更多第一级物联网人才，这虽然会花费较高成本，但获得的回报也将十分可观。

12.1.3 关注财富转移，迎接技术革命

单从表面来看，财富转移似乎和物联网运营没有太过密切的联系，但其内在的逻辑，却可以帮助企业做好当下，迎接未来。实际上，如果把每个个体都当成一个财富点，然后将其按照年龄、性别、地域、文化水平等因素进行分类，那么个体所做出的消费、生产等行为，可以使财富在社会上流动起来，这是一个非常简单的财富转移过程。

目前财富转移的形式并不单一，主要包括四种形式，如图 12-1 所示。

通货膨胀 　股市牛熊 　继承传递 　技术革命

图 12-1　财富转移的四种主要形式

在上述四种形式中，最具代表性的应该是技术革命。因为通常每发生一轮大的技术革命，都会有一个新时代被开启，而与新旧时代交接同时到来的就是大规模的财富转移。

现在，物联网已经站在了转角的"十字路口"。对于想要在其中掘金的企业而言，大部分财富转移基本会在前面的 5 年完成。在物联网刚刚崛起的那几年，无论是物联网，还是与物联网相关的行业，都会以迅猛的态势发展起来，企业会蜂拥而上。这会使物联网对更多行业产生影响，如金融、人力资源、保险、医疗、零售、法律等。

这就是趋势的强大力量，如果企业没能及时跟进趋势，就会被远远地甩到后面。甚至有些企业还会被市场无情地淘汰。当物联网出现后，市场结构就出现了非常大的转变，在这种情况下，企业就应该放弃原来的思维，突破老旧的商业模式和业务模式。只有这样，企业才可以满足物联网时代的要求，从而尽快找到物联网生态系统上的盈利点。

12.1.4　保持耐心，物联网运营是场"长征"

物联网运营是一个循序渐进的过程，需要企业有充足的耐心去深入了解业务，并开发出属于自己的独特优势。例如，旷视科技就一直在技术方面深耕，立足于物联网、人工智能等技术，为企业提供创新动力。其主要产品有旷视个人设备大脑、旷视城市大脑、旷视供应链大脑、旷视智能云解决方案等。

旷视个人设备大脑可以安装在 vivo、OPPO、诺基亚等多款手机上，主要提供的是人脸识别解锁和人脸支付功能；旷视城市大脑在清华大学、杭州地铁等地实现了应用，人脸识别预警功能为这些地点提供了安全保障；旷视供应链大脑为科捷物流的仓储机器人提供了重要的技术支持；旷视智能云应用于北京银行、中信银行、招商银行、中国移动等企业的业务场景，为这些企业提升业务效率的同时也提供了安全保障。

此外，京东数科也在物联网领域积极布局。以机房巡检机器人来说，它作为机房和数据中心的"守护者"，可以通过自动巡检、人体追踪与跟随、数据识别与分析等功能，代替工作人员实时监测机房环境、设备运行状态、设备温度等情况，进行故障预警和资产盘点。

有了京东数科自主研发的机房巡检机器人，工厂可以保障机房长时间地稳定运行，实现设备状态的实时监管，提升运维效率和机房的安全性，建设数字化、智能化、自动化的智慧机房。因为该产品自从推出后就受到很多工厂的欢迎，所以京东数科又对其进行了功能升级，并针对相关领域对机房运维的严格要求为工厂量身定制解决方案。

旷视科技和京东数科在物联网领域的布局比较全面，涉及了诸多业务场景。未来，企业在运营物联网时也要像旷视科技和京东数科那样，循序渐进且扎根于技术和业务场景，始终坚持为企业提供更优质的产品和服务。

12.2 风险防控：运营中的必备环节

人们在享受着物联网带来便利的同时，物联网背后的风险也必须得到重视。

现在，物联网设备越来越多，被黑客利用的可能性也越来越大。因此，企业要做好风险防控。这是物联网运营中的必备环节，必须得到企业的重视。

12.2.1 常见物联网风险大盘点

很多专家都指出，随着物联网商用步伐的加快，物联网风险应该得到控制。目前，常见的物联网风险包括以下三个。

1. 干扰通信

干扰通信会对设备之间的通信进行干扰或者直接阻断，使设备无法顺利运行，从而影响或者破坏设备的性能。这种风险最常见的出现方式是 DOS 攻击，其通过向控制器或者网络发送大量无效数据，使网络忙于处理无效数据而无法对正常的服务请求做出回应。

2. 获取隐私

物联网的原理是将终端设备连接在一起，比较常见的例子是，家中的空调可以连接互联网，主人外出时可以通过手机进行操作，在回家前提前打开空调为室内降温。而物联网的发展使这样的模式广泛应用于各处，给人们的生活带来了许多便利。但同样地，也会有人担心物联网的普遍应用会让自己的隐私泄露。

其实这样的担心是有道理的。在物联网所面临的风险中，获取隐私是比较常见的一个。该风险是通过监听通信数据、数据流向等信息，对这些信息进行分析后，一方面可以窃取各种隐私，另一方面还可以掌握系统的运行模式，进而对系统进行更深层次的攻击。

3. 入侵攻击

入侵攻击已经过发生很多。例如，前段时间网上出现了攻击者入侵家庭摄像头的新闻，这个家庭安装摄像头的原因是希望能够在自己外出时实时了解家中宠物动态，但从未想过摄像头会遭到攻击者入侵。

而攻击者不仅入侵摄像头，甚至针对摄像头捕捉到的视频画面形成一套相对完整的体系。当摄像头拍摄到诸如打架、性行为等内容时，攻击者会立刻截取视频，然后在网上出售。更有甚者会针对内容进行筛选，通过付费直播赚取不法利益。

只要是网络能够访问的终端设备，如监控摄像头、智能空调、冰箱，甚至吸尘器、音响等，都会存在不同的安全漏洞。但因为用户并不会对这些终端设备抱有防备心理，所以也就很难认识到其中存在的巨大威胁和潜在危险。

上述内容虽然只介绍了三种物联网风险，但这并不意味着物联网风险仅限于此。例如，物联网可以让物理世界与网络世界融合，攻击者可以选择通过影响物理组件实现其攻击的目的。因此，要想知道物联网风险究竟有多少，还需要相关研究人员重新审视。

12.2.2　制定完善的物联网安全策略

制定安全策略是降低物联网风险的重要方式，也是业内专家学者的共识。安全策略为与物联网有关系的企业提供安全保障，帮助其部署安全防护措施，加强整体的安全防护建设。传统的安全策略可能只关注智能系统或者设备失效、失灵等情况，但这种安全策略已经不再适用于物联网越来越先进的时代，甚至可能会给企业带来重大打击。

与其他技术相比，物联网在安全防护方面需要应对的挑战要更加严峻。责任边界的模糊化、应用范围的扩展、系统的复杂程度高等因素使物联网对安全防护有更高的要求。此外，物联网的安全防护建设也很难由企业自己完成，还需要国家政策、产业支持等多面的统筹安排。而且，我国目前还有很多企业没有意识到物联网风险对自身发展的重要性与紧迫性，其物联网安全防护和风险管理意识仍需加强。

在物联网安全方面，相关人才也比较稀缺。企业内部的员工可能不了解企业对物联网安全防护的需求，很难开发出一个能在多领域应用的解决方案。此外，各企业之间的联系不足，很难实现协作双赢，这也提高了实现物联网安全防护的难度。

因此，我们要想更好地降低物联网风险，让物联网变得更安全，就必须集结个人、企业、政府、社会等各方力量。这样才可以达到"众人拾柴火焰高"的效果。

12.2.3　别盲目，凡事量力而行

当越来越多企业将目光从人工智能转向物联网后，物联网的风口也不断扩大，开始涌现出一大批新兴的物联网企业。但是，通过共享经济的发展，我们不难预测，在这些新兴的物联网企业中，成功者很可能会是少数，甚至是极少数。

在物联网风口下，企业应该对自己的综合实力和市场资源进行综合判断；而投资机构则应该对物联网项目的真伪进行辨别。现在，虽然物联网项目呈现出"满天飞"的状态，但其中有很多只是打着物联网的旗号去做其他事情，如宣传产品、提升市值和股价等。

当物联网越来越火爆，开始受到大量资本的追捧时，国内外的创业者都准备大干一场，希望收割一波市场红利。这些创业者建立物联网企业、开发物联网项目、对物联网产品进行深入研究。总之，只要是和物联网相关的业务，他们都想尝试一下。

但不得不承认，现在有很多创业者仅仅是因为看到物联网在某些领域取得的显著成绩就决定入局。实际上，在鱼龙混杂的物联网领域，这些急切涌入、心浮气躁的创业者很难取得成功。因此，在决定入局物联网领域前，大家一定要考虑自己的能力，不能盲目跟风，否则很可能成为物联网市场大浪淘沙后的失败者。

·第 13 章·

产业展望：探索物联网产业新方向

随着物联网行业规模的不断扩大，未来其市场需求会很大，这也为物联网带来广阔的发展空间。物联网作为新一代信息技术的重点发展方向，对于未来社会的发展具有重要意义。

13.1 物联网产业规模预测

由于物联网在经济领域的地位不断上升，大多数国家表现出对该技术的重视，选择对该技术进行投资，以求提升自身核心竞争力。未来，物联网的发展潜力不可估量。

13.1.1 中短期的物联网产业规模

根据全球移动通信系统协会（GSMA）发布的《2020 年移动经济报告》（以下简称报告）显示，2019 年，全球物联网总连接数达到 120 亿。2020 年，我国 5G 手机用户达到了 1.28 亿人，5G 的普及速度超过此前的 3G 和 4G。

3G 和 4G 的普及让移动互联网有了较大的发展，而 5G 的快速普及则引领我国走进万物互联的时代，而之后几年中国物联网的连接设备数将保持快速增长。

报告指出，2019 年，全球物联网的收入为 3430 亿美元（大约人民币 2.4 万亿元），预计到 2025 年将增长到 1.1 万亿美元（约人民币 7.7 万亿元），年复合增长率高达 21.4%。预计到 2025 年，全球物联网总连接数规模将达到 246 亿，年复合增长率高达 13%。

我国物联网连接数全球占比高达 30%。2019 年，我国的物联网连接数 36.3 亿，其中移动物联网连接数占比较大，从 2018 年的 6.71 亿增长到 2019 年底的 10.3 亿。到 2025 年，我国物联网连接数预计将达到 80.1 亿，年复合增长率 14.1%。截至 2020 年，我国物联网产业规模突破 1.7 万亿元，十三五期间物联网总体产业规模保持 20% 的年均增长率。

工信部发布的 2021 年 1～5 月通信业经济运行情况显示，截至 5 月末，三家基础电信企业发展蜂窝物联网终端用户达 10.97 亿用户，同比增长 44%，比上年末净增 6886 万户，其中应用于智能制造、智能交通、智能公共事业的终端用户增长均达 30% 左右。

物联网作为重点发展行业，正在受到越来越多人的关注。作为经济复苏的重要支撑力量，移动物联网等产业将会得到很大的扶持。随着国内新一代基础设施的建设，物联网将会推动中国经济的增长，无人机、车联网等物联网的典型应用也会迅速发展。

物联网产业的市场前景较为良好，将会一段时间内继续保持快速增长的态势，有可能带动应用市场、制造业等其他领域共同发展。

13.1.2 长期的物联网产业规模

2018 年 11 月，欧洲议会发布了由欧盟政策研究中心（CEPS）完成的《全球趋势 2035》报告，报告中分析了 2035 年之前的经济和社会领域的全球趋势。在产业与技术转型方面，该报告提出数字化将破坏现有的商业模式。商业模式将会由单一模式向多元化模式转变，变成由数据驱动的多样化平台，这样有可能导致结构更分散。

该报告还预测，物联网是成熟的新技术，预计到 2030 年，将有 1250 亿台设备连接到物联网，人体将成为互联设备的枢纽，把物联网转变为"我的互联网"。因为物联网产生了庞大的数据量，所以未来的数字技术将为技术转型带来无法预测的变化。

我们很难想象，未来十年的人类社会将会是怎样的一个情景。根据美国的《未来 30 年新兴科技趋势报告》预测，在 2045 年，保守地说将会有超过 1 千亿个设备连接在互联网上。这些设备包括了移动设备、家用电器、医疗设备、工业探测设备、监控设备、汽车以及服装等。这些设备在给我们生活带来极大便利的同时，也会带来一场工业信息革命。

在 2045 年的地球上，智能设备将无处不在。自动驾驶汽车会让交通事故不再频发、堵车的情况大大减少；机器人成为负责人们日常生活中许多任务的工具，如照顾老人，还有可能承担一些工业中的任务，如维护公共设施，收获农作物，分发快递等。

人们将会拥有规模更大的数据资源，也会拥有更强大的计算能力。移动网络和云计算将会提供无限的内存。各种各样的数码产品走近我们身边。最终，我们也许可以使用思想来控制数码设备，使它们成为我们身体的一部分。

虽然这些只是预测，但是这些预测在告诉我们一个事实，物联网的时代和过去的互联网时代相比，已经是一个崭新的时代，物联网将会在未来蓬勃发展。

13.2 未来的物联网产业结构

随着物联网的迅速发展，未来的物联网产业结构会展现出新的作用和魅力。例如，移动物联网将占据一席之地、细分领域全面发展将为周边产业带来商机等。

13.2.1 权力中心将出现变化

当技术在社会上变得越来越重要时，物联网产业结构会发生变化，权力中心也会与之前有所区别，具体可以从以下三个方面进行说明。

1. 苹果、Google 和小米等用互联网模式打造物联网生态圈

物联网考验的是企业的综合竞争力，包括硬件供应链、用户基础和平台运营服务三个方面。苹果的商业模式就是从软件开始布局，通过 iTunes 和 AppStore 打造出了完善的软件生态系统，产品受到了广大用户的好评。在此基础上，苹果开发智能硬件，基于智能硬件去制定标准、搭建平台和获取数据。

Google 拥有庞大的数据中心和先进的数据处理能力。最初，Google 自主研发过多种智能家居产品，而后开始收购硬件公司。它曾经以 5.5 亿美元的价格收购了一个家庭摄像头提供商。Google 运用自身优点与其实现互补，成就共赢。

小米的快速发展得益于它的互联网思维。凭借这点，小米在智能硬件领域迅速崛起。在看到物联网的发展趋势后，小米自然不甘落后，通过投资有潜力的初创企业，实现快速布局物联网产业链的目的。目前的小米已经布局了智能家居、智能手环、智能插座等。

2．物联网硬件具有爆发性，很可能成为新的权利中心

物联网硬件增加了人均需求量。比如智能手机整合了音乐播放、相机等功能，是一种多功能的综合性产品，而物联网硬件不是替代某种产品，而是为人们提供智能化生活的产品，是新增需求。

物联网硬件渗透率快。由于通信技术和智能手机渗透率的提高，新一代物联网硬件的渗透率增长往往快于前一代产品，用户普遍具有移动物联网思维，并且向往智能化生活。

物联网硬件具有社交属性。在移动互联时代，人类的社交需求催生了各种社交软件，具有社交属性的产品更是层出不穷。物联网硬件可以延长上网时间，拓展盈利模式。物联网根据使用场景的不同，上网服务也不同，拓展了产业链上企业的盈利来源。

3．物联网给保险、安防等多个领域带来全新的盈利模式

按照不同的应用场景，我们可以把物联网分为七大类，分别是智慧社区类、游戏类、医疗器械类、车载类、智能家居类、一般可穿戴和货品溯源类。不同应用场景下的盈利模式都是不相同，如表 13-1 所示。

表 13-1　物联网不同应用场景盈利模式对比表

产　品	特　点	盈利来源	
		硬　件	运维服务
智慧社区类	外观时尚、功能稳定、杀手级应用	有所盈利	精准营销、停车收费、违章罚款
游戏类	体验真实、性价比高	重度游戏玩家愿意付费	玩家购买游戏或虚拟消费等
医疗器械类	检测、提醒、诊断	用户、保险公司、药厂或医院愿意支付	身体状况分析、病人和医生的沟通平台
车载类	车载检测、解决用户痛点	盈利较低	精准营销、保险公司补贴
智能家居类	和生活高度融合	用户为安全、便利和节能付费	安保、电网公司等

续表

产　品	特　　点	盈 利 来 源	
		硬　件	运 维 服 务
一般可穿戴类	外观时尚、功能稳定	外观差异化带来的硬件价值	支付运维、精准营销
货品溯源类	工业追溯、小的切入点	有所盈利	生产管理系统

4．传统 PE 估值方法失效

物联网硬件的商业模式已经发生变化，传统硬件企业的 PE 估值方法已经失效，而是更应注重硬件产品带来的持续性现金流，要以经营用户数量和发展潜力为核心。

互联网企业估值不再以利润作为参考，例如 Facebook 的两千多亿美元市值是按照每个用户 100 美元的估值计算得出的结果。

13.2.2　移动物联网占有一席之地

物联网的目标是实现"万物互联"，互联的基础在于感知层搜集信息、网络层传输信息、平台层挖掘有价值信息，最终通过应用层使信息实现智能化。如果我们想将这四个层面相连，那么，需要使用移动物联网。移动通信技术在移动物联网中的应用涉及三个领域，如图 13-1 所示。

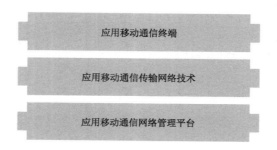

图 13-1　移动通信技术在移动物联网中的应用

（1）应用移动通信终端。在移动通信技术应用中，移动通信终端能够根据网络终端接入点的变化，对信息数据进行效率很高的接收与传送工作，优势是具有可移动性和便捷性，有效保证移动通信终端和网络之间进行不间断沟通，通过物联网信息节点和移动通信终端的接收点相互对比发现，移动通信终端能够更好地满足物联网的发展需求。

（2）应用移动通信传输网络技术。物联网在运行过程中，需要保障数据的安全性，包括一些科技数据和用户信息等，同时还要保证数据传输快速、稳定，以便开展传递工作。在科技飞速发展的当今社会，移动通信技术中的信息传输技术能够保证数据在传输的过程中安全性较高，可以有效地维护物联网的业务，同时为物联网的运行提供了一个良好环境，提高了数据传输的安全性、可靠性。

（3）应用移动通信网络管理平台。管理平台的主要功能是对物联网用户、物联网设备及物联网业务进行维护与管理工作，由于物联网涉及的数据、物体众多，所以保证物联网系统能够正常、高效运转是很重要的环节。为了保证系统能够正常运行，信息传输工作能够安全完成，物联网需要借助移动通信网络进行管理平台。

现代移动通信技术在物联网中的良好应用，有效提高了物联网运行的安全性和可靠性，为物联网的发展提供了坚实的基础。未来，二者的结合会发挥更大的价值。

除此之外，物联网的各种数据信息具有移动性、分散性和海量性等特点，需要借助移动通信技术保障自身功能的运行，这就决定了移动通信技术是实现物联网功能的主要技术手段，未来，移动物联网也将会占有一席之地。

13.2.3 周边产业发展带来新商机

在当前产业结构升级的背景下，物联网蕴藏着许多新的商机。随着 5G 通信的落地应用，促成了物联网的全面发展，未来的物联网将会成为新的创业热点领域，物联网是"万物互联"的基础，由于其本身的技术体系涵盖着大数据、云计算、人工智能等技术，所以对于建设产业互联网的落地应用具有重要意义。关于物联网的周边产业，大家可以关注以下几个领域。

（1）智能可穿戴设备。5G 时代来临，VR 或 AR 等技术将会得到全面发展，这一领域将会释放出大量的机会，由于可穿戴设备既涉及工业生产，还涉及终端应用，所以这一领域将会成为热点，如图 13-2 所示。

图 13-2　智能可穿戴设备

（2）医疗领域。随着以物联网为基础的智慧医疗等领域的全面发展，医疗领域也将会是最先实现物联网落地应用的行业之一，这一领域的机会也不容小觑。

（3）教育领域。随着各项技术的成熟，物联网也开始向教育领域发展，物联网将会对传统教育的转型起到关键作用。

物联网给生活带来的变化远远不止这些，除了以上的几个领域，物联网在车联网、工业物联网和农业物联网等领域均有大量的发展机遇。

13.3 "变"与"不变"的商业模式

20 世纪 90 年代,科技处于基于通信、传感器、计算机的应用创新阶段。互联网的出现实现了三大技术的集成应用,物联网的出现让人们对三大技术的集成应用认知更深刻。物联网的价值被重新定义,其在改变人们思维模式的同时,也在改变着商业模式。

13.3.1 "变":商业模式的细节层面

物联网不仅仅被应用在消费层面,同时也被应用在商业设备层面。物联网的应用人员把物联网看作一个工具,可以帮助他们提高质量、提升运营效果等。物联网发展带来的成果之一就是商业模式变革。

物联网根据自身的商业特点,按照不同行业的需求,设计出不同的商业模式,物联网的相关技术与人的行为模式充分结合就形成了新的商业模式。

物联网的应用环境也开始从小环境转变到大环境,这就意味着原有的商业模式已经不再适用于现在的环境了。为了适应跨领域化的应用,原有的商业模式需要进行更新与升级。选择适宜的商业模式对于企业的发展很重要。更关键的是,建立一个使政府、运营商、用户企业等多方共赢的商业模式,才能够推动物联网产业长远有效的发展。

如果想真正实现多方共赢,就需要让物联网成为一种驱动力,让产业链参与物联网建设的各个环节都能获得相应的商业回报,才能够保证物联网的持续发展。

13.3.2 "不变":核心商业模式

物联网的核心商业模式——设备运营化。设备运营化有两种基本模式,分别为服务优化和管理优化，大多数时候这两种模式共生共存。

过去，大家认为只有当设备达到一定的联网量，物联网应用才会爆发。实际上，经过分析发现，设备联网和物联网应用的创新几乎是同时发生的，甚至有可能在设备联网前，就需要设计新的应用模式。先设备连接、后应用爆发这个说法似乎更适合用来表示大规模数据应用阶段，它在一定程度上结合了互联网数据和物联网数据，与物联网并没有很大关系。

在未来的物联网生态系统中，物联网的操作系统部分是价值比较大的部分。在应用开发部分，可能出现一些跨场景、跨领域的平台，这一部分处于价值链的第二层，也是不可或缺的一部分。物联网设备和系统运维服务商，就像是代运营企业。应用服务平台等同于设备运营商，可以在设备联网的情况下提供各种运营服务，如智慧物流、智能家居、共享单车。

硬件对应用有三种承载方式，如图 13-3 所示。

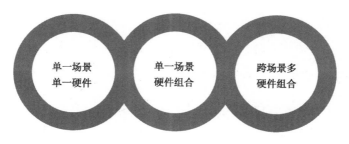

单一场景单一硬件 单一场景硬件组合 跨场景多硬件组合

图 13-3　硬件对应用的承载方式

但不管使用哪种方式，定价不能远高于应用所搭载的硬件价值，否则就是价格虚高。

13.3.3　思考：跨领域协作为何受欢迎

随着物联网的蓬勃发展，物联网涉及的垂直领域越来越多，有的企业推出自己的物联网购物平台，例如，Intel（英特尔）推出了响应式零售平台，推动零食领域更深化发展。我们处在一个融合创新的时代，新一代信息技术正在加快与社会各领域的业务融合。

跨领域的协作发展到底给我们的生活带来了哪些好处？又是为什么如此受欢迎？

物联网的价值更多地体现在大数据分析上，大数据分析让硬件变得更智能。此外，5G的迅猛发展让我们的家居环境、城市生活和办公环境越来越自动化。物联网已经渗透到我们生活的方方面面。例如，清晨，智能管家在恰好的时间用你喜欢的音乐唤醒你，已经为你准备好早餐和咖啡，你在吃过早餐后乘坐无人驾驶汽车到公司。

这些情景的实现都需要依托物联网。未来，利用物联网实现数据交互，大多数设备将拥有独立的传感器。物联网让设备变得可控、可交流，通过跨领域协作让我们的社会环境更智能化，且物联网涉及的领域会越来越广泛。

我们不能否认，物联网正在一步步地改变我们的生活和工作，影响企业的生产方式。"物联网"不是在刚刚出现时就有了突飞猛进的发展，而是逐渐升级，需要人力、财力、时间、资源等方面的投入。

今天，在物联网的助力下，一些传统行业已经实现自动化、智能化转型，很多企业都在积极研发极具创新性的产品。未来，物联网会继续发挥价值，其对各领域的影响力也会与日俱增。到了那时，对物联网没有起到足够重视的个体和组织很可能会被时代潮流所淹没。

因此，从现在开始，我们要认真学习物联网知识，感受物联网的独特魅力。